JN143661

うんこの世界

THE LIFE OF POO

細菌とわたしたちの深い関係

アダム・ハート Adam Hart

増田隆一［監修・解説］

梅田智世［訳］

晶文社

ドナへ――ありがとう。なにもかも。

目次

第一章 気持ちよくうんこしていますか？

わたしたちがこれからたどる旅路は、便座にすわるところからはじまる。いくばくかの尊厳を保つために、便座にすわっていると想像するのでもかまわない。とはいえ、王立がん研究基金による二〇〇一年の調査からすれば、読者の四〇％ほどはわざわざ想像するまでもないかもしれない。その調査によれば――回答者の正直さに頼ったプライベートな事柄の調査なので、ほぼまちがいなく、実際の発生率よりも低く出ていると思われるが――男性の四九％、女性の二六％はトイレを図書館と混同しているらしい。[原注1]残念ながら、その逆の混同にかんするデータは存在しない。

こんなふうに想像していただきたい。あなたはちょうどいま、うんこをすませたばかりだ。用を足した、堆肥を仕込んだ、茶色い小魚を産んだ。なんでもいいので、排便行為を表すお好みの婉曲表現を使ってほしい。あるいは、あなたがトイレでこの本を読みながら「肥やしづくりプロジェクト」に従事しているのなら、脚のあいだをちらりと覗き（そんなまねしたことない、なんてふりはしないように）、できたてのうんこを見てもらいたい。

あなたが健康で、腸がよい状態にあると仮定しよう。あなたはバランスよく食べ、「よい大便」をつくる繊維などの成分を適度に摂取している。丹念に調理されたおいしい食べもの、片側の端から旅立ったときには美しい色と質感だったものが、反対側の端から現れたときには、いやなにおいのする、一様に茶色で一様な質感の、いくぶんスポンジのようにふわふわした（これについてはわたしの言葉を信じてほしい）ひびわれた円柱状の物体になっている。あなたの腸のなかで深遠な何かが起きたことは明らかである。

腸、もっと厳密に言えば消化管と聞くと、きれいな食べものを汚いうんこにゆっくり変換する、口からはじまって肛門で終わる単純な一本の管と想像したくなる。食べものから必要なものを抽出・吸収し、ときにそのプロセスの副産物であるガスの力を借りながら、いらないものを排出する、肉でできた一種の下水システム。だが、そうした腸の見方は極度に単純化されている。熱帯雨林を見ていながら、その信じられないほど複雑な機能や生物多様性をめぐる理解と知識を完全にすっとばし、すごく緑でわりと湿っぽい、という単純な事実にまとめるようなものだ。

もういちど、先ほどのうんこを見てほしい。消化されていない食べもののように見えるだろうか？　断じて見えない——色と質感が一様すぎる。消化されていない食べもののようなにおいがするだろうか？　もしするなら、まじめな話、自分が食べているものをよくよく調べるほうがいい。うんこのにおいは食べものとは似ても似つかない。よく噛んだあと、そのまま二日ほど放っておいた食べものにさえほど遠い。

うんこの分析からわかるのは、たいていの生物学的なものと同じように、大部分（約七五％）が水でできていることだ。残りの部分、ちゃんとした用語で言えば固形分のうち、一部はコレステロール、また別の一部は脂肪性の物質で、タンパク質も少しだけある。それに、骨や歯のエナメル質の主成分であるリン酸カルシウムなどの無機化合物が少々。セルロースや食物繊維（これについては第八章で触れ、第一〇章でさらに詳しく論じる）のような、消化できない食物の成分もいくらか含まれている。顕微鏡で見ると、腸壁由来の細胞も見つかる。この細胞は、うんこが大腸を通過し、裏口たる肛門へと続くロビー、すなわち直腸に入るときにはがれおちたものだ（この細胞のおかげで、建物に侵入した窃盗犯がどういうわけかよく残していく大便から科学捜査官がDNAを採取できる）。

顕微鏡の倍率を上げれば、固形物の約三分の一、場合によっては最大六〇％が**細菌**[用語集]であることもわかるだろう。質感とにおいは、どちらもこの細菌のせいだ。そして、わたしたちのうんこのなかにこの単細胞生物が無数に存在するという事実は、腸のなかで実際に起きていることを知るための大きな手がかりになる。

細菌ってなんだろう

細菌はわたしたちと同じように繁殖し、動きまわり、資源を（空気からガスを、周囲の環境から食べものを）消費する生物だ。とはいえ、細菌の生の営みには、わたしたちと大きく違う点もいくつかある。それについては、あとで見ていくつもりだ。だがさしあたり、細菌について頭に入れておくべき三つの超重要な事実を挙げておこう。

ものすごく小さい

細菌は単細胞生物なのだから、大きくないのはあたりまえではないかとあなたは思っているだろう。だがじつのところ、ヒトの卵細胞、神経系を構成する一部の細胞、生物の授業で見た池のなかのアメーバのように、肉眼でなんとか見える細胞もたくさんある。それ以外の多くの細胞も、観察に単純な顕微鏡以上のものを必要としない。細菌はそうした細胞よりもはるかに小さい。それはひとつには、わたしたちがたいてい思い浮かべる細胞と異なり、細菌細胞には核（DNAを含む大きな構造）やそのほかのほとんどの内部構造がないからだ。細菌は原核生物であり、細菌細胞は**原核細胞**[用語集]（核のない細胞）と呼ばれる。DNAはもっているが、ひとつだけの環状染色体というかたちをとっている。この単純な構造のおかげで、細菌はものすごく小さくなれる。たいていの場合、わたしたちの体や地球上のすべての植物、動物、真菌の体を構成するいわゆる**真核細胞**[用語集]（核のある細胞）の一〇分の一から一〇〇分の一という小ささである。

原核細胞　　真核細胞

ものすごくたくさんいる

水一ミリリットルといえば、ボリュームたっぷりの一滴よりもわずかに多い程度の量だが、そのなかに一〇〇万の細菌がいてもおかしくない。土一グラム（たぶん、あなたの靴底に潜んでいる量よりも少ない）には、四〇〇〇万の細菌がいることもある。サイズの小ささと、ほぼどんな場所でも生きられる能力のおかげで、地球全体の細菌の生物量（バイオマス）はすべての植物と動物の合計を上まわる〔二〇一八年のデータでは、バイオマスの最大値を示すのは植物とされている――訳注〕。地球上には、およそ五×一〇の三〇乗、つまり五、〇〇〇、〇〇〇、〇〇〇、〇〇〇、〇〇〇、〇〇〇、〇〇〇、〇〇〇、〇〇〇、〇〇〇の細菌がいると推定されている。どこからどう見ても、ものすごく大きい数字である。[原注2] ビッグバン以降に刻まれてきた秒数でさえ、これには遠くおよばない。

自分の仕事にものすごく長けている

控えめに言っても、細菌は自分の仕事にものすごく長けている。地球が差し出すあらゆるものを利用することにかけては、びっくりするほど有能だ。ほぼありとあらゆる場所、ありとあらゆるものの上やなかやまわりで生きている。海の底、海底のさらに下にある岩のなか、大気の高いところ、地殻の奥深く、温泉、極地の氷の下のほう、あなたの眼球の表面、あなたの食べるもの、あなたの愛犬のよだれ、ハサミムシ（イアーウィグ）の耳（イアー）、ノミの尻の奥、あなたの腸のなか。どこを探しても細菌が見つかるはずだ。細菌はほぼどんなところでも生きられる。そして、その独特な生態、遍在性、途方もない数の多さゆえに、侮りがたい一勢力どころではない存在になっている。細菌の活動は、わたしたちのまわりの世界のみならず、わたしたちの体のなかの世界の大部分をもかたちづくり、特徴づけているのである。

五×一〇の三〇乗、つまり五、〇〇〇、〇〇〇、〇〇〇、〇〇〇、〇〇〇、〇〇〇、〇〇〇、〇〇〇、〇〇〇、〇〇〇という数字は、どれくらい大きい？

宇宙のはじまりにあたるビッグバンは、一四、〇〇〇、〇〇〇、〇〇〇年前のことだ。

ビッグバンから経過した秒数
＝一四、〇〇〇、〇〇〇、〇〇〇×三六五（日）×二四（時間）×六〇（分）×六〇（秒）
＝四四一、五〇四、〇〇〇、〇〇〇、〇〇〇、〇〇〇秒

途方もない数字だが、それでも地球上の細菌の数に比べれば、一一〇億分の一にすぎない！

これならどうだろう。

地球の重量はおよそ六×一〇の二四乗キログラム（六、〇〇〇、〇〇〇、〇〇〇、〇〇〇、〇〇〇、〇〇〇、〇〇〇、〇〇〇、〇〇〇キログラム）。

一グラムはだいたいコメ五〇粒だ。細菌ひとつがコメ一粒と同じ重さだったなら、細菌すべてを合計した重さは――地球の一・六・七倍になる！　これは細菌がいかに小さいかも示している。

そうした細菌の活動は、わたしたちの生活にどんな影響を与えているのだろうか。本書の目的は、ひとえにそれを探ることにある。その探索にあたり、とっつきやすいスタート地点になるのが、食べものからうんこへの変容がはじまる場所――つまり、口である。

大きく開いて！

食べものを押しこみ、何度か嚙んでから飲みこむための便利な場所。あなたはたぶん、自分の口をそんなふうに考えているだろう。口の機能の説明としては、「食べものを入れる穴」はそれなりによい表現だが、わたしたちの生活のなかで細菌が果たしている役割を理解するためには、自分の体を生態学的にとらえ、人間のかたちをとったひとつの生態系と見なす必要がある。

生態学的に見ると、ヒトの口は、いくつもの生息環境からなるおそろしく複雑なネットワークだ。歯、歯茎、唇、舌、口蓋はいずれも、そこに入りこむ能力をもつ細菌にそれぞれ違う機会を与えている。そして、口の温かく湿った条件は、細菌の増殖にはうってつけだ。その証拠に、口腔では七五〇種類を超える細菌が特定されている。「種類」の定義（細菌にかんしては、ときにややこしくなる）にもよるが、いくつかの研究では、全部で二万五〇〇〇種類に達する可能性があると推定されている。[原注3] つまり、あなたがどれだけお口の衛生を徹底していようが、いま現在、あなたの口は大量かつ多様な細菌であふれかえっているということである。

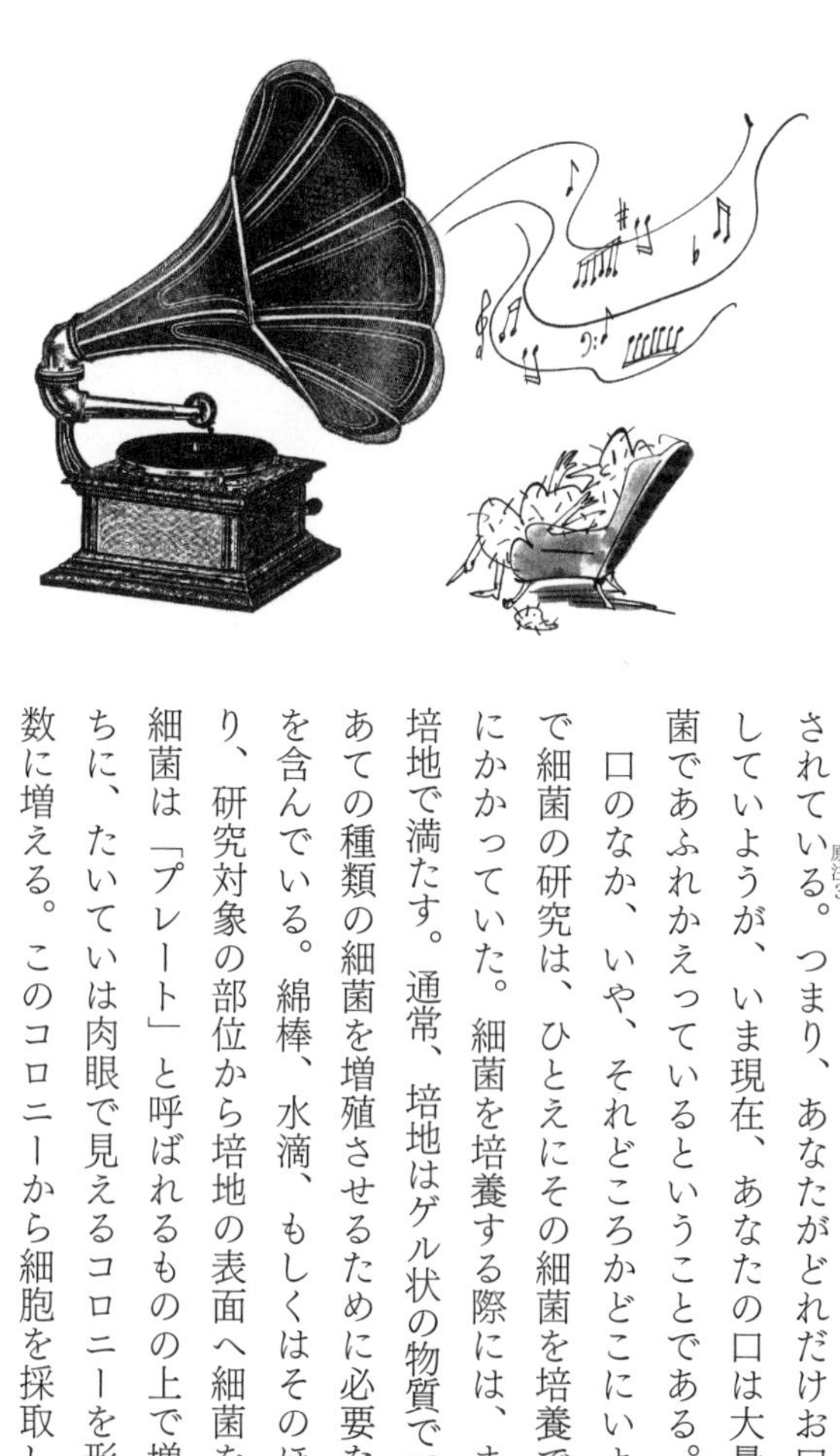

口のなか、いや、それどころかどこにいようが、これまで細菌の研究は、ひとえにその細菌を培養できるかどうかにかかっていた。細菌を培養する際には、まずペトリ皿を培地で満たす。通常、培地はゲル状の物質でできており、めあての種類の細菌を増殖させるために必要な特定の栄養素を含んでいる。綿棒、水滴、もしくはそのほかの手段により、研究対象の部位から培地の表面へ細菌を移す。すると、細菌は「プレート」と呼ばれるものの上で増殖し、そのうちに、たいていは肉眼で見えるコロニーを形成するほどの数に増える。このコロニーから細胞を採取し、なんであれ

実施したい研究をすればいい。問題は、ほとんどの細菌がプレート上ではさっぱり増殖しないことだ。つまり、培養できないのである。実際、培養の成功率を高めるテクニックがひっきりなしに開発されているにもかかわらず、培養できる細菌は世に存在する多様な細菌のごく一部にすぎない。[原注4]

ヒトの口腔細菌の推定五〇%ほどは、細菌の遺伝物質(DNA)の分析からそこに存在することはわかっても、培養することはできない。そうした細菌の役割をわたしたちがどう理解し、近年においてその理解がどう発展してきたのか。それを知っておけば、細菌全般をどう考えるべきかをめぐる貴重な教訓が得られる。

オランダのかご職人の息子に感謝しないといけないわけ

口腔細菌が最初に記述されたのは、初期の顕微鏡法に通じていない人には信じがたい話かもしれないが、一七世紀なかばのことである。三五〇年近くまえ、オランダのかご職人の息子アントニ・ファン・レーウェンフックは、小さなガラス玉をレンズがわりに使い、現代のわたしたちが**セレノモナス**[用語集]属菌として知る細菌について書き記した。おそらくは自分の口のなかから採取したものだろう。レーウェンフックの顕微鏡は現代の顕微鏡とは似ても似つかず、信じられないほど扱いにくかったが、にもかかわらず、彼の口腔細菌の記述は、電子顕微鏡が開発されたあとでさえ、それほど修正されなかった。

微生物学（細菌を研究する学問はこう呼ばれるようになった）は進歩した。口腔細菌は人類がいち早く培養方法を習得した細菌でもある。だが、そうした数々の進歩にもかかわらず、わたしたちの歯にすみつく口腔細菌（**ストレプトコッカス・ミュータンス**[用語集]と呼ばれる細菌）と虫歯とのつながりがようやく証明されたのは、一九六〇年代になってからのことだ。細菌と歯周（歯茎）病の関係も、一九八〇年代までは広く知られていなかった。

ここで指摘しておきたい点がふたつある。第一のポイントは、早いうちに発見され、培養が（少なくとも培養可能な一部の細菌については）わりと簡単で、その研究に関心がもたれていたにもかかわらず、人間の健康における口腔細菌の重要性が正しく認識されるまでにかなりの時間がかかったことだ。これは、細菌と病気のつながりの証明がときに難しい仕事になることをありありと示している。第二のポイントはそれよりもとらえどころがないが、重要さではまさるかもしれない。細菌とわたしたちの口腔との相互作用をめぐる初期の研究は、病気を中心に展開され

ていた。そこで問われるのは、この細菌はどのようにわれわれを病気にするのか、という問いだった。しかし、わたしたちはいま、むしろこう問うべきなのだと気づきはじめている。この細菌たちはどのようにわれわれを病気にし、かつどのようにわれわれの健康を保っているのか？　人体の生態系にいる細菌にかんしては、そんな疑問が投げかけられることが増えている。

細菌のコミュニティと微生物の微小都市

特定の生息環境にいる動物や植物を相手にする際には、そこに存在するさまざまな種類（もしくはさまざまな**種**[用語集]）の生物からなる集団を**群集**[用語集]（コミュニティ）と呼ぶ。それとまったく同じ生態学用語は、わたしたちの口に存在する細菌の集団にも使える。もっと言えば、わたしたちが細菌に提供している豊かな生息環境のどこにでも適用できる。したがって、わたしたちの体には口腔の群集、腸の群集、直腸の群集が存在し、たぶんそのどれもが肛門の群集に優越感をもっているだろう。そうした細菌群集を表すのに使われるもうひとつの用語として、**フローラ**[用語集]（叢）というものがある。厳密に言えば、フローラは植物相を意味し、特定の場所に生える植物種を指すが、この言葉は微生物学でも借用されることがあり、「腸内フローラ（腸内細菌叢）」という言い方はよく耳にする。おそらく、それよりも適切な用語は**マイクロバイオータ**[用語集]（「小さな生物」を意味する）だろう。これなら、細菌だけでなく、真菌に属する酵母のようなほかの微生物も含められる。そのふたつを混ぜた**マ**

イクロフローラ[用語集]というすわりの悪い用語もときどき使われる。

なんと呼ぶかはさておき、最近では、特定の種類の細菌とそれがもたらしうる害に注目するよりも、細菌の群集、つまり相互に作用しあう細菌の集まりに関心が寄せられることが増えている。その好例が虫歯だ。虫歯になっている領域には、ストレプトコッカス・ミュータンスだけでなく、それよりもはるかに複雑な種々の細菌の集まりが存在することがいまではわかっている。虫歯ではこれまでに七五種類の細菌が特定されており、ひとつの病変部だけでも三一種類の細菌が見つかっている。[原注5] 同様に、歯周病の部位でも何百種類もの細菌が特定されている。

わたしたちの口のなかはおそろしく複雑な世界だ。そして細菌は、ほかの生物とまったく同じように、複雑なかたちでたがいにやりとりしている。歯や舌のような表面では、細菌はバイオフィルムとして存在する。歯の表面のバイオフィルムは、ついさっき歯を磨いたばかりでなければ、あなたにも実際に感じとれる。細菌のバイオフィルムは、細胞外高分子物質（EPS）と呼ばれるもののなかに潜りこんださまざまな細菌種の集まりである。E

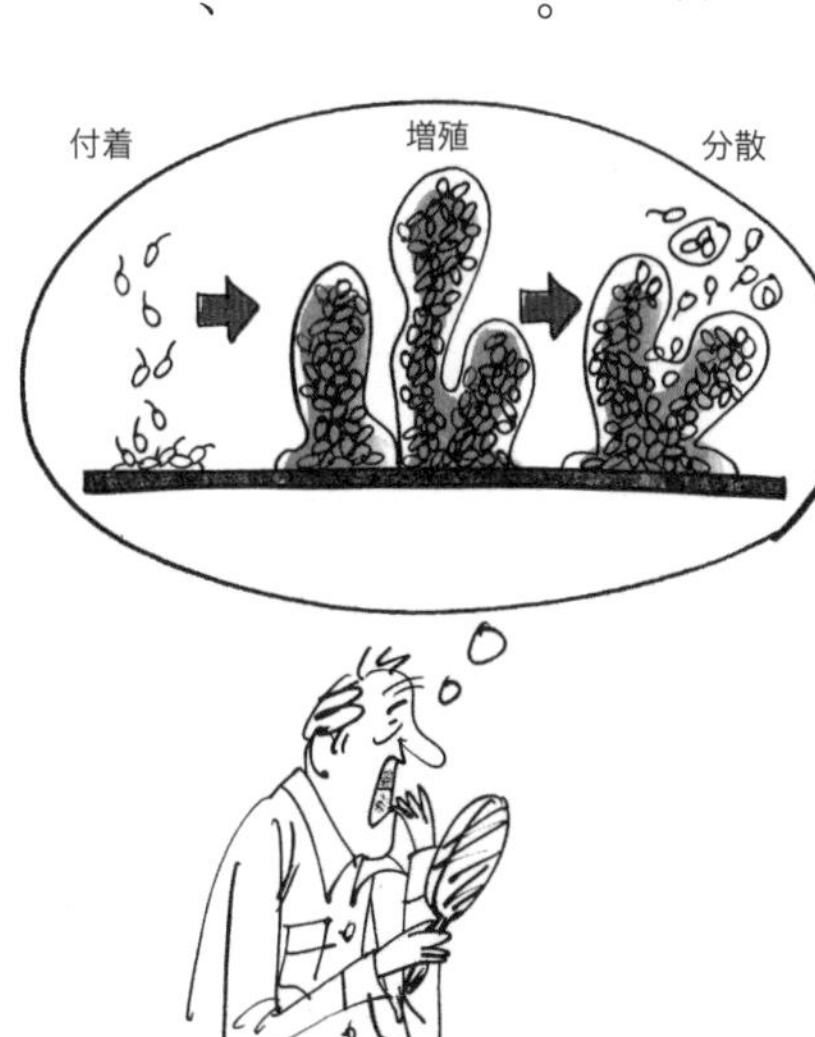

PSは細菌細胞自身が分泌したもので、独特な三次元構造をとる。あなたの歯にできるあのねばねばした層は、たがいに作用しあう無数の細菌種がつくる細菌の都市であり、あなたは歯磨きをするたびに、無情にもそれを破壊しているというわけだ。

細菌＝悪者？

細菌群集の重要な点は、都市と同じように、そこにすむ者全員が悪者ではないことである。「細菌＝悪者」という方程式がどれほど誘惑的であっても、そこは変わらない。たったいま辞書を調べてみたら、細菌の言いかえとして「バイキン」が提案されていた。これはポジティブな類義語とはとうてい言えない。こうした状況は意外でもなんでもない。なにしろ、細菌はたしかに病気を引き起こす。炭疽、ボツリヌス中毒、コレラ、ジフテリア、ライム病、**サルモネラ**用語集中毒、猩紅熱、梅毒、破傷風、虫歯（この並びだと、なんてことはないものに見える）、結核……おっと、それから腺ペストも。わりと知られているものだけを挙げても、こんなにある。それでも、すべての細菌が悪者ではけっしてない。

バランスがすべて

都市には強盗も殺人者もいるかもしれないが、たいていの人はすこぶるたしなみがあり、そのよいおこないが有害な少数派の悪いおこないよりも圧倒的に重みをもつ傾向がある。しっかり確立されたコミュニティにはバランスがあり、それがコミュニティの安定維持に一役買っている。原則として、口腔細菌の群集(コミュニティ)もなんら変わりはない。かぎりある資源をめぐる競争などのプロセスは、有害な細菌を抑制するケースが多い。その大きな理由は、細菌が存在するためには別の種の細菌を必要とすることにある。なにしろ、バイオフィルムは「さまざまな細菌種の集まり」なのだから。これは自分たちだけではできない。

健康な口のなかには害をもたらしうる細菌も存在しているが、なんらかの問題を引き起こすほどの数ではない。問題が勃発するのは、生態学的なバランスが崩れたときだ。したがって、健康な生態系の特徴を理解すれば、健康を促進する医療やライフスタイルの介入策を模索できる。[原注6]現在のところ、もっとも注目を集めているのが、細菌とわたしたちの下のほうの配管とのつながりである。そんなわけで、もういちど便座に戻って、うんこについて考えてみよう……。

悪い腸？

もちろん、下のほうの配管の具合が悪いときに、それが笑いごとになることはめったにない。「めったに」とは言ったものの、たぶん昔から、不規則に爆発する無茶苦茶な腸の動きは、それに苦しんでいない人にとってはおもしろおかしいものだったのだろう。ひょっとしたら、いつの日か、どこかの洞窟で、藪にたどりつくのがまにあわなかった不運な石器人を描いた石器時代の戯画が壁に塗りたくられているのが見つかるかもしれない。できれば茶色以外の色でお願いしたいが。とはいえ、そうした潜在的なコメディ要素にもかかわらず、現代の少なからぬ人は、食事をしてトイレに行くという単純な行為を絶えまない苦痛に、ときには屈辱的な拷問にするさまざまな腸疾患に悩まされている。そのうちの三大疾患が、クローン病、潰瘍性大腸炎（UC）――このふたつはまとめて炎症性腸疾患（IBD）と呼ばれる――、過敏性腸症候群（IBS）である。

IBSは腹痛、下痢、便秘、膨満感、テネスムス（排便を完遂できないきわめて不愉快な感覚を表すものにしては、かなり愉快な言葉である）など、さまざまな不快な症状を生む。クローン病とUCはいくつかの点でよく似ており、どちらも腹痛、血性下痢（血の混じった下痢）、体重減少を引き起こす。大きな違いは、UCが結腸（腸の最後のほうにある大きな部位）で潰瘍を生じさせるのに対し、クローン病は消化管全体に影響をおよぼし、口から肛門までのあらゆる場所を襲うことである。[原注7]

興味深いのは、この三つの疾患がどれも医学的な解決にはほど遠く、三つのどれについても（とりわけクローン病とUCでは）、わたしたち自身とはまったく別のところに問題があるかもしれないことだ。どうやら問題は、わたしたちのなか（と表面）にすみついている細菌たち――すべて合わせるとわたしたち自身の細胞の一〇倍にのぼるほどの数で存在する細菌たちに関係しているようである〔のちに刊行された同じ著者の『目的に合わない進化』（上、第四章）では、本書刊行後に発表された論文をもとに、「一・三倍」とされている――訳注〕。その隠れた乗客たちとわれわれのうんこについては、このあとの章でもっと深く掘り下げていくつもりだが、まずはこうした腸疾患が増加傾向にあるとする説を検証しなければならない。

腸疾患は本当にありふれたものになりつつあるのか？

腸疾患はいったいなぜ、ありふれたものになりつつあるのか。その大きな疑問の答えを探りはじめるまえに、「ありふれたものになりつつあるようだ」という主張に確固たる科学的根拠を与える必要がある。そのためには、疫学と医療統計学の分野にちょっと寄り道しなければならない。簡単な算数が少しばかり絡んでくるが、それほど努力を要するものではないし、この知識を身につけておけば、医療関係の報道に出てくる不可解な数字の羅列もとっつきやすくなるはずだ。

有病割合

ある疾患について、ある集団における広がりのほどを測定したいときには、一般にその疾患の**有病割合**[用語集]に注目する。これは、ある集団のなかで、任意の一時点においてその疾患や有害事象の存在する割合を測定したものだ。「ある集団」という注意深い表現が使われていることにお気づきだろうか。「世界の全人類としての集団」ではなく、「あるひとつの集団」である。というのも、世界の総人口は現実にはいくつもの小さな集団にわかれており、集団のあいだの移動もごくかぎられているからだ。こと有病割合の計算にかんしては、その点が重要になる。極端なわかりやすい例として、HIV陽性者の割合を見てみよう。ボツワナの一九〜四九歳の成人では、その割合は二三・四%、つまりほぼ四人に一人と推定されている。イギリスではわずか〇・二〜〇・三%、つまり三三〇人以上に一人の割合だ。[原注8] 疾患の多くはどちらかと言えばめずらしいものなので、パーセンテージ(一〇〇人あたりの数)はかならずしもそれほど役に立たない。そのため、有病割合は一万人もしくは一〇万人あたりの数として表されることが多い。全世界(世界の全人類としての集団)の有病割合を平均したら、そこから導き出される数の下に、医学的に意味のある興味深い地域的変動が覆い隠されてしまうだろう。変動は地理的なものにかぎらず、男女、民族集団、年齢層の違いによることもある。したがって、だれかが詳しい条件を提示せずになんらかの疾患の有病割合を報告しているときには、賢明な用心深さをもってその数字を解釈することをおすすめする。

もうひとつ注意しなければいけないのは、有病割合が定義上、任意の一時点における有病者の割合である点だ。したがって、有病者が死亡したり増加したりすれば、今日の有病割合が明日や昨日の有病割合と違うものになる可能性もある。有病割合は、特定の集団内において疾患を有する人の割合を示すスナップショットであり(というか、そうあるべきであり)、正しく利用すれば、その集団における疾患の広がりのほどを示す非常に有益な指標になる。

発生数

病気や疾患の数量化に用いられるもうひとつの数字として、**発生数**[用語集]というものがある。有病割合と区別なく使われることも多いが、発生数はもっと複雑な概念だ。基本的には、これは任意の期間内になんらかの疾患にかかるリスクを示す指標だが、そのリスクを表す方法はいろいろあり、そこから混乱が生じることがある。厳密に言えば、ある疾患の発生数とは、特定の集団において任意の期間中にその疾患を発症した人の数を指す。これは発生割合とも表現されるが、このあたりからちょっとややこしくなってくる。架空の例を使って説明するほうがわかりやすいだろう（囲み記事参照）。

有病割合と発生数

調査したい集団の人数を一万人としよう。調査対象となる疾患の三年間の新規症例数を一〇〇件とする。

・その期間の発生割合は、一万人あたり一〇〇件である。

・全体を一〇〇で割ると、一〇〇人あたり一件（つまり一％）となる。

これは明らかに有病割合と何かしら関連しているが、その関連はかならずしも単純明快ではない。

死に至らないが長引く疾患（たとえば、その病気にかかった人が死ぬまでに一〇年かかる疾患）を想像してほしい。

・最初のうちは、集団内に急速に広がる。

・五年後、広がる仕組みがつきとめられ、それに応じた勧告が出される。

七年後、この疾患の有病割合は非常に大きいかもしれない。最初の五年間で罹患した人がまだ生きているからだ。しかし……

……六年目と七年目（罹患リスクを下げるための医学的勧告が出されたあと）には、発生割合はきわめて小さくなると考えられる。

発生割合は発生率（罹患率）と表現されることもある。これはつまり、期間あたりの新規症例数だ。囲み記事で使った、死に至らないが長引く架空の疾患の例で言えば、広がりを食い止めるための医学的勧告が出たあとの二年間における発生割合が一万人あたり新規症例一〇四件なら、発生率は一万人年あたり五二件となる。期間で割る利点は、割合をパーセンテージで表すと状況を把握しやすくなるのと同じように、疾患や病気を比較検証できるようになることにある。

発生率に問題がないわけではない。たとえば、発生率は計算されている期間全体で一定という前提だが、そうではない可能性もある。例の架空の疾患の場合、医学的勧告が出たのが五年目の終わりで、世間に浸透するまでしばらくかかり、発生数にもっとも大きな効果が出たのは翌年だった、ということも考えられる。有病割合はときに重要な細部を覆い隠してしまうが、その点は発生数も同じだ。したがって、どちらの数字にしても、検討する際には用心するに越したことはない。正直なところ、メディアが医療関連の報道でなんらかの数字を使っているときには、何はともあれ用心するに越したことはない。[原注9]

「アーチファクト」の問題

これは医療統計にかぎった話ではないが、用心すべきもうひとつの理由は、**アーチファクト**[用語集]の複雑さにある。アーチファクトとは、結果に影響をおよぼす意図せぬ人為的な要因を指す。ある疾患を増加させうる要因としてよくあるアーチファクトが、単純にその疾患と診断されるケースが増えた、というものだ。一九四〇年代にIBSかクローン病の症状で医師の診察を受けていたら、医師公認の紫煙の向こうから、ときどききれいな空気を吸ってやりすごしなさい、などと言われていたかもしれない。

注意欠如・多動症（ADHD）が最初に報告されたのは一九〇二年のことだが、[原注10]わたしが小学生だった一九八〇年代はじめには、医師にADHDと診断された子どもはひとりもいなかった。だが振り返ってみると、何人かの集中力を欠いた「手に負えない」子がいま医師の診察を受けていたら、ADHDと診断されるであろうことは明らかだ。ADHDの有病割合は過去四〇年で上昇している。だがそれは、子どもたちの心の健康にかんして、重要な何かが変化したことを意味しているのか？　それとも、ADHDの診断を求める親が増え、医師がそれに応えるケースが多くなっているのか？　言うまでもなく、ここで事態をさらに複雑にしているのは、答えにその両方が少しずつ含まれていてもおかしくないことである。

診断の増加というアーチファクトは、たいてい説明するのが難しい。なにしろ、医師と患者の

関係に影響を与えうる要因は、どちらの側にも無数にある。気まずい思いをしかねないおなかの問題で病院に行く人が以前よりも増えているのだろうか？　もしかしたら、そうした患者を専門医に紹介する医師が増え、専門医が診断するケースが増えているのかもしれない。インターネットを情報源として医師のまねごとをする人が増えているせいで、自己診断をしてから、それと同じ診断を医師に迫る患者が増えている可能性もあるのでは？

クローン病のような疾患が増えているのかどうかを問うとき、その問いは実際のところ、こういうことを意味している――その疾患は有病割合と発生率という点で増えているのか？　もしそうなら、その増加は、わたしたちのライフスタイルにおけるなんらかの根本的な変化に起因するのか？　それとも、アーチファクトのせい、もっともありそうなところでは、疾患が認識されやすくなり、それと診断されるケースが増えたせいなのか？

ＩＢＤは掛け値なしに増えている

五〇年前と現在、もしくは先進国と開発途上国の有病割合や発生数を比較する場合には、診断の増加などの要因がなんらかの影響をおよぼすが、似たものどうしを比べると（短い期間、経済の発展のほどが似たような国、など）、そうした要因の影響は小さくなる。だが、診断に絡むアーチファクトの可能性を考慮に入れてもなお、炎症性腸疾患（クローン病と潰瘍性大腸炎）が増えた事実はいまや広く認められている。そして、多くの地域では有病割合がいまだに上がりつづけている。おおまかに言えば、北米と欧州では新規症例数が一九五〇年代から倍増しており、増加傾向はほぼ全世界で見られる。[原注11]

増加の程度は国によって異なる。発生率がとくに高いのはスコットランド、ニュージーランド、カナダ、フランス、オランダ、北欧諸国で、工業化の程度や裕福さとの関連がある。なるほど、つまり豊かさがクローン病を引き起こしているということか？ あいにく、そんなに単純な話ではない。ある事柄が別の事柄と関連して変化しているという事実から示されるのは、**相関関係**[用語集]と呼ばれるものだ。相関関係は興味深く、非常に役立つこともままあるが、一方の事柄が他方の事柄を引き起こしていること、つまり**因果関係**[用語集]を示しているわけではない。

細菌がすべての答え？ かもしれない……

ＩＢＤは増加傾向にある。これから見ていくように、アレルギー、湿疹、喘息、肥満、さらにはうつ病など、ほかの疾患や症状も増えている。そうした疾患において「わたしたちの」細菌が重要な役割を果たしていること、そして昨今のライフスタイルがその細菌との関係を損ない、わたしたちに害をおよぼしていることが、科学により明らかになりはじめている。[原注12]

本書では全体をつうじて、細菌の営みがわたしたちのそれと根本的なかたちでいかに関係しあい、わたしたちの健康と幸福にいかに影響をおよぼしているかを探っていく。そうした影響を生む仕組みは、いまようやく理解されはじめたばかりだ。わかっているのは、あなたが歯を磨いていようと、手を洗っていようと、鶏肉を切っていようと、過敏な腸に苦しんでいようと、クローン病と闘っていようと、衛生について心配しなさすぎ、もしくは心配しすぎていようと、喘息に対処していようと、じんましんが出ていようと、わが子のことで悩んでいようと、バスルームを掃除していようと、トイレを流していようと、プロバイオティクスを摂取していようと、そのときには、細菌があなたの生活のなかで重要な役割を果たしているということだ。

このあとの章では、ヒトの体内生態系をめぐる旅を続け、細菌とわたしたちの健康との驚くべき関係を明らかにしていく。とはいえ、わたしたちは自宅にいる細菌とも複雑な関係をもっている。

先ほど、わたしたちは便座にすわっていた。実際そこは、細菌のことをもうちょっと深く考えるには悪くない場所である……。

第二章

「既知の菌の九九%を除去します」

この章では、あなたの家のトイレの状態について、あなたが絶対に知りたくないであろうことをひととおり考察し、その過程でオオヒキガエル、漂白剤の威力、細菌の力、飛び散る便から身を守る方法について考え――そしてそのどれにせよ、それが本当に重大事なのか否かを問う。

最初の章では、細菌は「すべて悪者ではない」とあなたを説得するのにそこそこのページを費やしてきたが、ここでひとつ、細菌は「適切な場所にいればすべて悪者ではない」と条件をつけておくほうがいいかもしれない。要は、オイルのようなものだ。車のエンジンのなかにあるならすばらしいものだが、カーペットのあちらこちらにオイルの足跡をつけたくはないだろう。あなたの腸、もしくはほかの何かの動物の腸のなかなら有益かもしれない細菌でも、トイレの床ではそれよりもはるかに歓迎されない。「清潔すぎる」家なる概念の全容と「免疫系を刺激する」という考え方には第九章で触れるが、最初のうちに、ひとつだけはっきりさせておこう。家のなかの表面が広く細菌に汚染されている状態は、かわいいジョニーちゃんの免疫系の発達に配慮した家庭環境などではない。むしろ、きわめて現実的な健康上の危険である。

だが、うんこのなかにいる細菌が「わたしたちのもの」であるのなら、いったいどうしてわたしたちに害をおよぼすのか？　それについては、わたしたちの体をひとつの複雑な生態系と見なす考え方がことのほか役に立つ。そして、この点の説明の助けになるのが、不適切な場所に入りこんだ生物の有名な事例だ。

オオヒキガエル（念のために言っておくが、細菌ではない……）

一九三〇年代、オーストラリアのサトウキビ生産者のあいだでは、作物を食べるコガネムシ科の甲虫が大きな問題になっていた。この虫を殺すのは難しいが、中南米では同じような甲虫の捕食にかんして、オオヒキガエルという実直な名をもつ大型の両生類がきわめて長けていることが知られていた。古くは一八〇〇年代から、オオヒキガエルは害虫抑制の目的で西インド諸島のマルティニークやバルバドスのサトウキビ畑に導入されていた。一九〇〇年代はじめまでにプエルトリコにもちこまれ、そこでもサトウキビを食べる甲虫をじつにみごとに抑制した。生物的防除という新興分野におけるこの成功に刺激され、一九三〇年代後半に何千匹もの若いカエルがオーストラリアで野に放たれた。

ところが、ことはうまく進まなかった。オーストラリアの甲虫は、サトウキビのてっぺんあたりにたむろするのを好んでいたのだ。巨大なオオヒキガエルには、そこまでのぼっていって甲虫をつかまえることはできない。たっぷりいる甲虫を食べられずにおなかをすかせたオオヒキガエルは、かわりにほかのものをほとんど手あたりしだいに食べはじめた。そのなかには、農民が土地に残しておきたい有益な種も含まれていた。おまけに、オオヒキガエルのいぼだらけの皮膚の腺には有毒物質が含まれており、このカエルを食べようとする動物が毒殺されはじめた。オオヒキガエルが在来の動物たちをむさぼり食うせいで、なんであれ生き残った種が利用できる食べものも激減した。いまやオオヒキガエルの数は二億匹にのぼり、不適切な場所に存在することに起因する数々の大きな問題を生んでいる。[原注1]

　わたしたちのうんこのなかにいる細菌は、消化管の下端のほうの出身である。そこにいるときには、パナマやベネズエラのオオヒキガエルと同じように、安定した生態系の確固たる一員としてはたらいている。だが、オーストラリアがパナマとまったく違うように、消化管の上のほうにはまったく違う生態系がある。そこには違う生物が暮らし、違う細菌群集が存在し、環境条件も異なる。管の内側を覆う細胞も異なり、違う遺伝子が発現し、違う生成物（食物の消化を助ける**酵素**[用語集]など）がつくられる。生態学的に、かつ細菌の観点から見ると、わたしたちの消化管は均質な一本の管ではなく、いくつもの生息環境が連なる複雑な三次元構造である。消化管の下のほうの細菌がどこか別のところへ行きついたら、オーストラリアのオオ

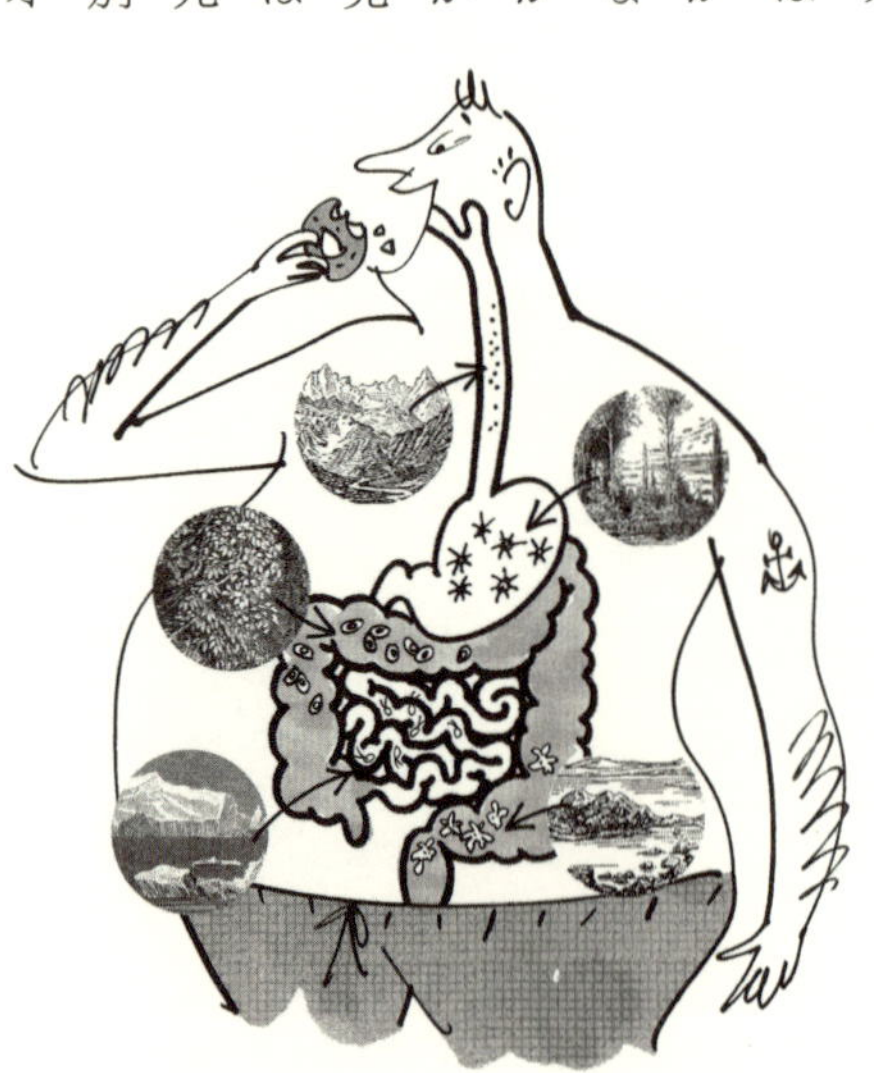

ヒキガエルのようになる。違うのは、在来の野生生物を問題に巻きこむかわりに、わたしたちの具合を悪くすることくらいだ。

同じように、ほかの動物の腸にいた細菌も、わたしたちの具合を悪く——ときにものすごく悪くすることがある。

不法侵入の初歩——穴を探せ

細菌が問題を起こすためには、わたしたちの体のなかに入らないといけない。考えるまでもないごくありふれたルートは、口から入る道だ。言いかえれば、わたしたちが細菌を食べるということであり、それにはうんこのなかによくいる細菌のほか、あなたが触れるほぼあらゆる場所で見つかる可能性のあるほかの細菌も含まれる。

あなたは自分を**食糞者**[用語集]とは思っていないかもしれないが、まぎれもなく食糞者である。わたしたちはだれしも、微量のうんこが接触した表面に触ったあとに口を触ったときや、お粗末な食品衛生管理の助けを借りて「うんこの飾り」がついたものを食べたときに、微量のうんこを食べている。法医学の世界には、ロカールの交換原理というものがある。あらゆる接触は痕跡を残すという原理だ。それと同じ原理は、家庭内の衛生にも等しくあてはまる。そして、糞便と口腔を結ぶ**糞口経路**[用語集]と呼ばれるハイウェイは、問題を起こす細菌がうんこからわたしたちの体内へ入るときにずば抜けてよく使われるルートだ。

第二のよくあるルートが、別の開口部、すなわち尿の出てくる穴である尿道を通る道だ。うんこから尿道へ入る細菌は、尿路感染症（UTI）のおもな原因になっている。男性でも女性でも、尿の下水システムは「娯楽エリア」とも呼ばれる場所を直接通過しており、神を土木技師に見たてるジョークはそこから生まれた。ただし女性では、その開口部は男性よりも体にずっと近く、おかげでうんこにいる細菌が侵入しやすい。これはたんなる配置上の問題だが、リスクを高めるほかの要因もあり、なかでも顕著なものが性交だ。[原注2] 全体として見ると、女性のじつに半分が生涯に少なくとも一回はUTIに感染し、一部の女性は頻繁にUTIにかかっていることが複数の研究で示されている。最大の原因は本来の居場所から移動してきた細菌で、とりわけ重要な容疑者が、わたしたちを含む温血動物の腸にいる細菌種、エシェリヒア・コリ（**大腸菌**[用語集]）だ。UTIのおよそ九〇％、さらには胃腸炎と食中毒のかなりの部分は大腸菌が引き起こしている。[原注3]

飛び散る糞便

うんこがトイレのなかできちんと流されたあとなら、なんであれ汚染の問題はもう片づいているはずだろう？　いや、そうとはかぎらない。まず、流すという行為は無数の小さな水滴を生み、それが空気中を浮遊し、物理学者がエアロゾルと呼ぶものを形成する。エアロゾル化した水滴には、うんこ由来の細菌も含まれる。したがって、次にトイレを流すときには、口を閉じ、便器から距離をとり、ふたを閉めて流すことをおすすめする。[原注4]

うんこ入りエアロゾルが便器に近い表面に着地し、その表面にだれかが触れると、糞口経路をつうじた移動につながる可能性がある。これは自明の理だ。流す際に口を開けて便器の上にかがむのが賢明ではないこともまちがいない。トイレの近くに置きっぱなしにしているものも汚染される可能性がある、という問題はそれほど自明でもないが、とはいえ英国国民保健サービスのような組織の公式アドバイスでは、便器のふたを閉めてから流すことと、歯ブラシを便器から二メートル以上離れたところに立てて置くことが推奨されている。[原注5]コンタクトレンズをトイレの近くに保管しておくと汚染されるおそれがあることを示す研究も複数ある。[原注6]そう聞くと、なんだか常軌を逸した過保護国家の話のように思えてくる。うんこのついた歯ブラシを使ってはいけないなんて、メリー・ポピンズでさえ歌ったことはない。では、糞便エアロゾルをめぐるわたしたちの偏執的な不安は正当なものなのだろうか？

短い答えは「イエス」だが、も

うちょっと長い答えなら「少しだけイエスだが、むやみやたらに心配するな」となる。トイレを流したときに、歯ブラシが腸由来の細菌に汚染される可能性はあるのか。そして、実際に汚染されているのか。それを調べるのは不可能ではまったくなく、それどころか簡単にできる。これまでにさまざまな試験で模造トイレが設けられ、現実のトイレが調べられ、ありとあらゆる位置の歯ブラシがテストされ、寒天培地プレートを用いた簡単な培養をつうじて存在する細菌種がつきとめられてきたが、どの試験でも同じ結論が得られている。トイレに置かれているものは、トイレを流した際に、うんこのなかで見つかる細菌に汚染されるのだ。とはいえ、歯ブラシの毛についたうんこと胃腸炎の発症とのあいだには大きな隔たりがある。

歯ブラシから大腸菌を培養できるからといって、かならずしもそれで歯を磨いたあとに病気になるわけではない。何かの表面や物、水のなか（たとえばビーチ周辺など）の大腸菌の存在は、たしかにその物や場所がうんこで汚染されている可能性を示している。だが、ほとんどの大腸菌は無害だ。

大腸菌によって「悪者」だったり「まあだいじょうぶ」だったりする理由は、「種」という言葉の意味を考えるうえで、細菌がやや問題含みどころではないことにある。

「種」の問題

　地球上の全人類がひとつの種に属することはだれもが認める事実であり、その種が、不適切な命名ではあるが、「賢い人」を意味するホモ・サピエンスと呼ばれることは広く知られている。だが、人類の進化的起源を研究する科学者のなかには、現生人類はみな、ホモ・サピエンス・サピエンスと呼ばれる亜種に属すると主張する人もいる。二回言うほど賢いというわけだ。その主張によれば、ネアンデルタール人はホモ・サピエンス・ネアンデルターレンシス、つまり現生人類の亜種だという。いっぽう、ホモ・ネアンデルターレンシスというまったく別の種だとする説もあり、現時点ではそちらのほうが優勢に見える。この話の要点は何かと言えば――ホモ属は多様というわけではなく、われわれ自身が属するがゆえにかなりの関心を集めているが、にもかかわらず種と亜種をめぐる議論が紛糾している、ということである。

　ほかの多くの生物では「主要」種の亜種が分類されている。たとえば、南北アメリカのクーガー（大型ネコ科動物で、性的に貪欲な高齢女性ではない〔英語のcougarには「若い男を求める高齢の女」という意味もある。クーガーは、別名ピューマとも呼ばれる――訳注〕）にはそれぞれ別の地域に生息する六つの亜種、アフリカのサバンナシマウマには五つの亜種がある。亜種の最小数は言うまでもなく二で、一般的な認識では、亜種とは、別の生物グループ、つまり別の亜種と交配可能だが、自然界では（おそらくは地理的に切り離されているせいで）交配しない生物群とされている。

亜種はありとあらゆる問題を引き起こす。というのも、その生物が研究しやすい場合でさえ、亜種と亜種のあいだの線引きがきわめて難しいからだ。にもかかわらず、わたしたちはじつにさまざまな生物で亜種を分類している。細菌のケースでは、亜種を分類せず、かわりに株に注目する傾向がある。株とは、別の株と区別される特徴をもつ遺伝的変異体のことだ。

糞便汚染に関係する一般的な細菌である大腸菌の場合、ものすごくたくさんの種類の株が存在する。実際、一〇〇種類超が知られており、その数は今後も確実に増えるだろう。さらに、シゲラ（赤痢菌）のように、大腸菌ときわめて近い関係にあることがわかっており、おそらくはエシェリヒア属に分類するほうがよさそうな細菌種もいる。大腸菌にはたくさんの株があるうえ、そうした株の多くはたがいによく似ているわけではない。**ゲノム**[用語集]のうち、すべての株に共通するのはわずか五分の一ほどで、なかには実際のところ別の種とするほうが妥当なほど似ていない株もある。[原注7]

要するに、ちょっとした混乱状態と言える。だが、その分類が単純とはほど遠いいっぽうで、大腸菌はもっともよく研究されている細菌でもある。つまり、わたしたちはこの細菌――いや、細菌たち、と言うほうが正確かもしれない――についてかなりよく知っているということだ。

大腸菌O157：H7——まちがっても「友好的な細菌」ではない

あなたが便器からとびだした細菌入りの水滴に目を光らせているのなら、大腸菌O157：H7株にとくに警戒することをおすすめする。これはことのほか感じの悪い株で、出血性下痢を引き起こす。スペル（haemorrhagic diarrhoea）が難しく、耐えるのはさらに難しい出血性下痢は、血まみれかつ不快な症状を呈し、たいていは重度の腹部けいれんをともなう。動物の腸にすむこの細菌の自然宿主はウシとヒツジで、汚染された牛肉をつうじて人間の体内に入るケースがもっとも多い。[原注8] たいていの人は一週間ほどで快復するが、およそ五％、とりわけ五歳未満の子どもと高齢者は溶血性尿毒症症候群（HUS）を発症する。HUSは赤血球が破壊され、腎臓障害を起こす病気だ。治療しなければ命にかかわり、O157：H7は米国の幼児における腎不全の最大の原因になっている。[原注9]

それではなぜ、O157：H7やO104：H4（二〇一一年にドイツで起きた感染アウトブレイクに関係している）などの株が極悪なのに、O150：H5のような株はそうではないのか？　一部の大腸菌株がまったく害をおよぼさないのに、別の株が「ぽんぽんを痛く」し、また別の株が下手をしたらあなたを殺すのは、いったいどうしてなのか？

O157：H7において**病原性**[用語集]、つまり病気を引き起こす力が生じるのは、この株が志賀様毒素と呼ばれるタンパク質毒素をつくるせいだが、この株がどうやってそんな毒素を獲得しおおせたのかを探るまえに、生化学の重要なポイントをちょっと頭に入れておく必要がある。

誤解しないでほしいのだが、タンパク質はとても役に立つ。筋肉や皮膚などの組織の構成要素というだけでなく、酵素をかたちづくる分子でもある。酵素は生体触媒として、わたしたちの細胞で起きる無数の化学反応を制御してまとめあげ、わたしたちが食べものを消化するのを助けている。タンパク質は細胞の膜を通るチャンネルを形成し、細胞を出入りする分子の複雑な流れも制御している。さらに、細胞にかたちを与える細胞骨格なるものを構成し、分子をあちらこちらへ動かす体内の「路面電車」も提供している。このように、タンパク質はとても役に立つ。だが、まちがった場所でまちがった者に操られると、深刻な問題を引き起こすこともある。たとえば、ヘビやミツバチの毒の威力はタンパク質に由来する。

タンパク質ってなに？

タンパク質は長い鎖状の物質で、それよりも小さい**アミノ酸**[用語集]と呼ばれる構成要素がつながりあってできている。

アミノ酸が結合する順序と、そのアミノ酸により構成されるタンパク質の全体の長さが、タンパク質の生物学的特性を決める。

DNA二重らせんのねじれたはしごの横棒にあたる遺伝暗号の「文字」が、タンパク質をつくるアミノ酸配列の順序を細胞内の機構に指示している。

志賀毒素

志賀様毒素という名前は、シゲラ属〔この属名は赤痢菌を発見した志賀潔にちなんでいる——訳注〕の細菌に感染すると生じるシゲラ症（細菌性赤痢）に由来する。わたしたちは先ほど、その細菌に出会っている。赤痢を引き起こし、エシェリヒア属に分類するほうがよさそうな、あの細菌だ。シゲラ（赤痢菌）は志賀毒素を産生し、O157：H7もそれとそっくりな毒素を産生する。大腸菌のほうの毒素は、いささか想像力に欠けるが、「志賀様毒素」と呼ばれる。**志賀毒素**用語集と志賀様毒素はどちらも、きわめてよく似たかたちで作用する。ここでは大腸菌の話をしているので、大腸菌がつくる志賀様毒素に注目するのが道理だろう。志賀様毒素は、血の混じった下痢とそれが引き起こす苦痛を脇におけば、まさに分子の驚異である。

志賀様毒素は、実際には六つのサブユニットがひとつにまとまったものだ。重さで見れば、問題を起こすサブユニット（「攻撃部隊」）は毒素全体の半分たらずで、残りの部分はそれよりもはるかに小さい五つのサブユニットからなる「結合チーム」で構成される。この毒素はわたしたちの腸内にある小血管を攻撃する。小さいほうのサブユニットは、血管の壁を覆う細胞の膜の外側にくっついて膜を変化させ、毒素が取りこまれるようにする。ひとたび細胞内に入ったら、大きいほうのサブユニットがタンパク質をつくる細胞機構を停止させ、その細胞を殺し、新しい細胞をつくるのを阻む。小血管は絶えず生まれ変わっているため、新しい細胞をつくる細胞の機能が停止すると、血管がたちまち劣化して出血し、よって血の混じった下痢になる。[原注10] では、一部の大腸菌はいったいどのようにして、特殊空挺部隊ばりの分子をいきなり発達させたのか？

その答えはウイルス、具体的に言えば**バクテリオファージ**[用語集]と呼ばれるグループにある。ウイルスは「伝染性の粒子」に毛が生えたようなものだ。タンパク質の保護殻に包まれた遺伝物質は備えているが、ほかにはまったく何もない。ウイルスは細胞ではなく、一般には生物と見なされないものの、生物のいくつかの特性を有している。なかでも特筆すべきは、遺伝子をもち、増殖するという事実だ。とはいえ、ゲノムにコードされた（タンパク質の遺伝情報を持った）遺伝子の読みとりや使用に必要な機構のいっさいを欠いているので、ウイルスが遺伝子を使って増殖するためには、どこかの細胞の機構をのっとらなければならない。人間が感染するウイルス――ＨＩＶ、エボラウイルス、風邪ウイルスなど——はおなじみだが、細菌もウイルスに感染する。細菌が感染するウイルスは月着陸船に似ており、バクテリオファージと呼ばれる。研究室の若者たちになじみたいのなら、**ファージ**[用語集]と呼んでもいい。

ファージは細菌細胞よりもはるかに小さく、よく言っても分子版の皮下注射器としか表現しようのないメカニズムを使って、細菌細胞の外膜に自分の遺伝物質を注入する。細菌細胞内に入ったら、細菌の機構がウイルスの遺伝暗号を翻訳し、タンパク質、つまりは新しいファージをつくりはじめる。この新生ファージは、細菌細胞をのっとるときに、さまざまなメカニズムをつうじて細菌細胞のＤＮＡの構成要素もいくつか獲得する。これはある意味、ウイルスが宿主の遺伝子に「感染」するようなもので、細菌細胞ではゲノムの性質上、それがほかの細胞よりもはるかに起きやすい。獲得した遺伝子がファージにとって有益だった場合は、その遺伝子をもつファージがもたないファージよりも速いペースで増殖することになる。

ファージと細菌のあいだの遺伝子伝播は一方通行ではない。ファージが細菌の遺伝子を獲得するように、細菌のほ

うもファージの遺伝子を獲得することがあり、その遺伝子はもとをたどれば別の細菌から獲得したものだったりする。そうした遺伝子は細菌のゲノムに組みこまれる。このプロセスは**形質導入**[用語集]と呼ばれ、「深皿に鍵をいくつか放りこんでおいて適当に手にとる」的なアプローチによる細菌間での遺伝物質の交換につながる。要するに、細菌が別の細菌から新しい遺伝子を獲得し、ときには自分の遺伝子ではなくファージの遺伝子により定められたタンパク質をつくる、ということである。

死を招くもやし

二〇一一年に欧州で起きた大腸菌のアウトブレイクでは、四〇〇〇人近くが感染し、五三人が死亡した。うち五一人はドイツでの死者だ。[原注11] このアウトブレイクを引き起こしたのはO104：H4株で、いくつかの事例では一見すると害のなさそうな感染源がつきとめられた――その感染源とは、もやしである。生食された一部のもやしが大腸菌に汚染されており、その大腸菌のゲノムに、志賀毒素をコードするファージの遺伝子が含まれていた。O157：H7株がもつ志賀毒素をコードする遺伝子も、ファージ感染により獲得したものだ。言うまでもなく、志賀毒素を産生する遺伝子をもっているのは、名前の由来であるシゲラ（赤痢菌）だ。その猛毒遺伝子が、ファージを介した形質導入により、大腸菌の多くの株を含むほかの細菌に広まったと考えられる。[原注12]

流せ、食べるな

　目下、糞便汚染のぞっとするような現実を説明しているところだが、ここで一部の人は自分のうんこを実際に食べていることも話しておくべきだろう。もちろん一般的ではないが、食糞[用語集]と脳腫瘍、認知症、強迫性障害、性的なフェティシズムとの関連は昔から知られている。たいていのケースでは繰り返しおこなわれ、したがって、少量のうんこの摂取が継続的な害をおよぼすわけではないことは明らかである。幼い子どもはしょっちゅう何かを拾いあげては食べているので、必然的にうんこ、たいていは自分のうんこを食べることになる。あなただって、次に歯を磨くときには（次回にかぎらず、たぶん歯を磨くたびに）おそらく糞便由来の細菌を自分の口に運ぶであろうことは心に留めておいてほしい。[原注13]

　うんこが媒介する大腸菌などの細菌感染のおそろしい性質のせいで、わたしたちはついつい、便器に潜む全うんこがいまにもわたしたちにとびかかって致命的な細菌に感染させようとしているとか、ごく小さな無数の水滴に分裂して歯ブラシやコンタクトレ

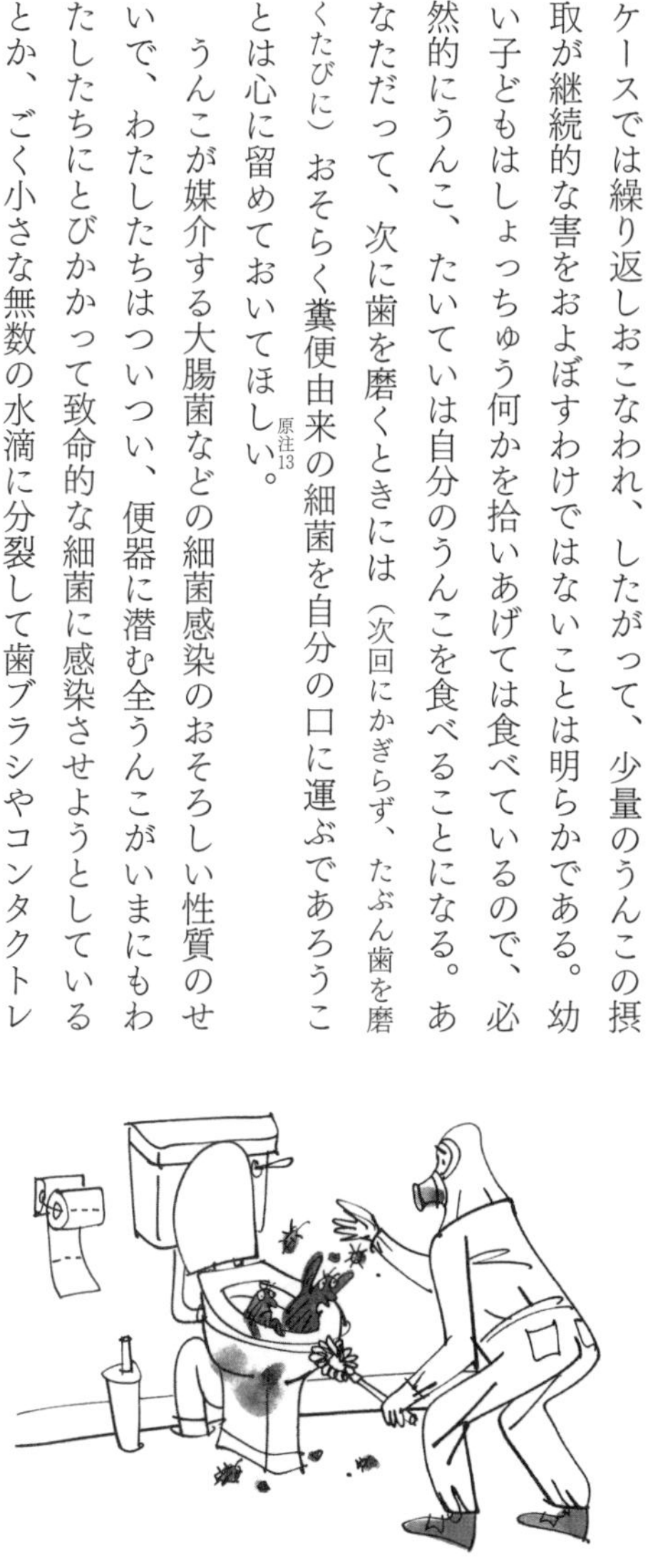

ンズに舞い降りようとしているなどと考えてしまいがちである。だが、忘れないでほしい。大腸菌にも病原性ではない株がたくさんあり、健康な人が病原性細菌を排出する可能性は低い。あなたはこれまでの人生のほとんどをつうじて、大腸菌に汚染された歯ブラシで歯を磨いてきた。問題は、健康に見える人がじつは感染している場合があることと、嘔吐や下痢などの症状を呈する感染者が身体機能をのっとられ、細菌をあたり一面にまきちらすようになっていることである。

「洗浄」は「殺菌」ではない

毒性をもつ大腸菌、赤痢菌、サルモネラ菌感染が引き起こすような下痢は、三つの理由からトイレで問題になる可能性がある。第一に、そもそもの問題を起こした細菌がたっぷり含まれている確率が高い。第二に、文字どおり「爆発的」な下痢は、便器やときにはその周囲をうんこ爆弾が爆発したようなありさまにする。あらゆる場所に飛び散るので、きれいに掃除するのが難しく、接触しやすくなる。同じ原則は嘔吐にもあてはまり、飛散を避けられないほどの勢いで吐瀉物(としゃぶつ)(嘔吐や下痢で出した物)が噴出することもめずらしくない。

第三の理由は、糞便に含まれる感染性細菌がときに驚くほど長いあいだ環境中に居座ることだ。サルモネラ菌は多くの動物の腸内にすんでいるが、ヒトでは深刻な健康上の問題を引き起こす。サルモネラ症は下痢、発熱、嘔吐、腹部けいれんを特徴とするきわめて不快な病気だ。特定の株がリンパ系に広がると事態はまさに手に負えなくなり、腸チフスが発生し、治療しなければ死に至ることもある。アウトブレイクの原因としてもっとも多いのは、不適切な処理により腸の内容物に汚染された豚肉、家禽、魚だが、腸チフスにつながるような極悪の株は、たいてい感染者の糞便をつうじて伝染する。

家族の一員がサルモネラ症にかかった家庭を調べたところ、六世帯のうち四世帯では洗浄後でさえ便器のふちの下にサルモネラ菌が残り、二世帯では送水管の下にサルモネラ菌を含む頑固なバイオフィルムが存在し、うち一世帯では汚染から四週間が経ってもまだ残っていた。[原注14] 細菌が見つかったのは湿ったエリアだけだったため、便座の上や水洗レバーは無事だったが、便器のなかやまわりは洗浄用品を使ったあとでさえ無事とはほど遠かった。そんなわけで、あなたがほぼつねにトイレの衛生に熱意を注いでいるとしても、家族のだれかが実際に病気になっているときや、感染しているものの症状が出ていないときには、もう少しだけ注意深くなるほうがいいかもしれない。もちろん、症状が出ていなければ感染に気づくのは難しいのだが。

トイレクリーナーが殺したい細菌を殺してくれないなんて、そんなことある？

おそらく、サルモネラ菌の持続性をめぐる研究のなかでもとりわけ不穏な部分は、トイレを洗浄してもなお、病原性細菌が便器のなかで長いあいだ生きられるという点だろう。殺菌剤が殺すと謳っている九九％とか九九・九％の細菌のなかにサルモネラ菌は含まれないのか？　それとも、殺菌剤は研究室の外ではきちんと効かないのか？

ここで問題なのは、殺菌剤が「効かない」ことではない。ちゃんと効いている。実際、殺菌剤の多くはじつに効果的に細菌を殺す。便器にいる細菌との闘いに使える殺菌剤にはありとあらゆる種類のものが存在するが、なかでもよく使われている製品が、漂白剤を基礎にしたものだ。広く使われている家庭用漂白剤の多くは、塩素を含む化合物、たいていは次亜塩素酸ナトリウムをベースとしている。それとは別の、過酸化水素を使った漂白剤も一般的で、こちらは病院で広く使用され、髪の色を抜いたりするときにも使われる。どちらの漂白剤も、細菌の細胞膜の外側にある分子を攻撃し、細菌細胞を死に至らしめることで作用する。具体的に言えば、攻撃対象はタンパク質だ。卵をゆでて液体タンパク質を固体タンパク質に変えるように、タンパク質を不溶性のかたまりにして構造と機能を失わせ、それにより細胞を殺す。人間のタンパク質にも同じように作用する。漂白剤を扱うときに手袋をはめるのがそれほど悪くない策なのは、そういうわけだ。[原注15]

実際には、「漂白剤は細菌を殺す」というような単純な話ではない。高濃度ならたしかにそのとおりだが、低濃度の場合、一部の細菌は一見すると抵抗不可能な化学的猛攻に抵抗するすべをもっている。タンパク質はとても大きな分子で、適切にはたらかせるためには、きちんと折りたたんで正しい形状の分子をつくる必要がある。一部のタンパク質はサブユニットを形成し、それが集合してオリゴマー構造と呼ばれるものになる（この構造の例にはすでに出会っている――志賀毒素である）。そのためには、不適切な構造の形成を防ぎ、有益な構造の形成を促進する必要がある。タンパク質が適切に折りたたまれて集合するように導く役割は、分子シャペロンが担っている。名前から想像がつくように〔chaperoneには「社交界に出る若い未婚女性の付き添い役」という意味もある――訳注〕、分子シャペロンは、このタンパク質の舞踏のすべてを補助しているタンパク質である。

いち早く研究されたシャペロンのほとんどは、細胞が高温にさらされた際のタンパク質構造の保護に関係するもので、これは熱ショックタンパク質（ＨＳＰ）と命名された。だが、熱以外のストレス要因に反応するＨＳＰもある。そうしたシャペロンのひとつがＨＳＰ３３だ。細菌細胞に見られるＨＳＰ３３の活性は、環境の酸化もしくは還元の程度の変化に反応する。化学で言うところの酸化と還元は、電子の喪失もしくは獲得に関係している。そしてこの酸化こそが、細菌の表面や内部のタンパク質に対して漂白剤がすることの核心にある。酸化条件（漂白剤を便器に入れたときなど）になると、ＨＳＰ３３でいくつかの新しい化学結合が生じ、それがＨＳＰ３３の形状を、さらには機能を変化させる。すると、突如として（しかも事態はあっというまに進行する）ＨＳＰ３３の機能が「オン」になり、ほかのタンパク質を有害な酸化環境から守るようになるのである。もちろん、この仕組みが役に立つのはある程度までだ。ＨＳＰ３３は自然環境で進化したが、われわれ人間には、たいていの細菌が過去にさらされてきたものよりもはるかに過酷な酸化環境をつくりだす力がある。[原注16] ＨＳＰ３３が教えてくれているのは、こういうことだ――トイレを殺菌したいのなら、漂白剤を希釈するな。濃いままで行け。

殺菌剤ではそのほかの酸化剤も使われている。家禽業界ではヨウ素、水の消毒にはオゾン（クロラミンと二酸化塩素も使われ、それがスイミングプールに独特のにおいをつけている）。プールに入るまえの消毒に過マンガン酸カリウムが用いられることもある。

すべての殺菌剤が酸化により作用するわけではない。消毒液〈デトール〉の主成分として知られるパラクロロメタキシレノール（ＰＣＭＸ）は細菌細胞膜のタンパク質にちょっかいを出し、細胞を漏れやすい状態にしてＰＣＭＸが侵入できるようにし、細胞内でさらなる破壊を巻き起こす。アルコール、おもにエタノールも表面の消毒にときどき使われるが、それよりも手の消毒——あるいは酔っぱらうために使われることのほうが多い。ＰＣＭＸと同じく、アルコールも細胞膜を攻撃する。こちらの場合は、脂肪成分を溶かし、タンパク質構造をひっかきまわす。この点は、あなたが次にあの代物を飲むときに考慮する価値があるだろう。

漂白剤、ＰＣＭＸ、エタノールのような殺菌剤が殺す対象は非常に幅広く、どれも細胞の機能に欠かせない基礎的な化学的要素に作用する。ある意味、そこに「巧妙」なことは何もない。こうした殺菌剤が世界中で使われているのは、この力ずくの効果ゆえである。

殺菌剤がいつも効くわけではないのはなぜ？

トイレのような複雑な物体や、わたしたちがバスルームに置きがちな入り組んだ三次元表面のようなものの洗浄は、本当に、ほんとうに難しい。トイレの部品をうっかり見逃してしまったり、途中で飽きてしまったり、全体的に手を抜いたりするのはすごく簡単だ。家庭の洗浄状況をめぐる研究は研究課題としてとくに優先順位が高いわけではないが、当然のことながら、病院の洗浄慣行は徹底的な検証の対象になってきた。ある研究では、患者が入院している病室の表面に存在する細菌とＡＴＰを調べた。ＡＴＰはあらゆる生命体に含まれる化合物で、「生物学的汚染」の指標としてよく使われる。この研究で得られたＡＴＰの数値は、洗浄後の表面が洗浄前よりはきれいになっている（ただしＡＴＰが完全に除去されたわけではない）ことを示していたものの、四分の一近い表面に細菌が存在し、とりわけ悪名高いふたつの抗生物質耐性菌株が踏みとどまっていた。留意してほしいのは、この研究が民間病院で実施されており、調査対象になったのは、手すり、ベッドの柵、リモコン、便座の一部のような、洗浄がきわめて容易な表面であるという点だ。便器のなかをぐるりとさらったり、スプラッタな腸の攻撃のあとに便座の蝶番の下からうんこっぽい残留物をひっぺがしたりはしていない。[原注17]

第二に、細菌の接触する殺菌剤の量と接触時間の長さがかならずしもじゅうぶんではないのではないかとわたしは疑っている。便器のまわりにさっとスプレーしてさっと流すだけとか、希釈されてただでさえ薄くなった殺菌剤をつけた布でぞんざいに拭く程度では、あなたの企図した細菌世界の終焉に至る可能性は低い。殺菌剤にかんしては、濃度と必要な接触時間のあいだに相関性がある。濃度が低ければ、殺菌するために必要な時間は長くなる。この相関性が単純ではないケースもある。フェノール水（石炭酸水）は二〇世紀に消毒剤として広く使われ、喉の痛みを和らげる多くの口腔スプレーの有効成分でもある。フェノール水の場合、濃度を半分にすると、必要な時間は六四倍になる。そんなわけで、使用説明書にしたがうに越したことはない。希釈して殺菌剤を節約しようとしたり、適切な濃度で混ぜなかったりするだけでも、本来の効果を発揮できない可能性がある。

細菌のほうが上手なのか？

殺菌剤がいつも効くわけではない第三の理由として、細菌のほうが上手（うわて）だからだ、と言いたくなるのはよくわかる。ＨＳＰ３３のおかげで一部の細菌が薄めた漂白剤から身を守れることにはすでに触れたし、細菌が殺菌剤に対する耐性を獲得したとする記事や主張もネット上でよく見かける。その主張については、この際しっかりつぶしておこう。細菌が特定の抗生物質への耐性を進化させるケースはあるが、抗生物質はわたしたちが体内に取りこむ（もしくは動物に与える）薬剤であり、漂白剤のような殺菌剤とはまったく違う。細菌細胞を家のようなものと考えるなら、抗生物質は家に忍びこむ怪盗紳士だ。技術と知識を駆使し、解錠したり、小さな明かりとり窓までよじのぼって侵入したりする。対する細菌は、もっとよい錠や、窓を閉じておく方法を発達させることができる。細菌が抗生物質耐性を進化させる仕組みについては、第五章でもっと詳しく見ていく。

殺菌剤は怪盗というよりは、むしろ激しい隕石衝突に近い。家がどれほどよくできていようが、どれほど高級な錠をとりつけていようが、お抱えの煉瓦職人がどれほど熟練だろうが関係ない。隕石の大きさがじゅうぶんなら、つまり殺菌剤の濃度と接触時間がじゅうぶんなら、すべてが巨大なクレーターの底のがれきと化す。あとで説明するように、耐性を進化させるためには、一部の細菌（一個体だけでもいいかもしれない）が最初の攻撃を生き延び、その生存を可能にした遺伝子を受け継ぐ子孫をつくる必要がある。一部とはいえ、細菌が全面的な殺菌剤攻撃に耐えることはありえない。なぜなら、殺菌剤は生命が拠って立つ基礎的な化学的特性を攻撃するからだ。真の漂白剤耐性菌がいるとすれば、それはわたしたちがこれまでに生物界で目にしたどんなものともまったく違う細菌だろう。

とはいえ、細菌のなかには細菌胞子をつくるものがおり、そうした細菌は殺すのがおそろしく難しい。C・ボツリナムやC・ディフィシル〔C・ディフィシルは以前はクロストリジウム属とされていたが、二〇一六年にクロストリディオイデス属が新設され、クロストリディオイデス・ディフィシルに呼称が変更された

——訳注）などの**クロストリジウム**[用語集]属の細菌種や炭疽菌（名前を見れば、この細菌の悪評がわかる）はそうした細菌の例だ。これらの細菌種は**内生胞子**[用語集]と呼ばれるものをつくれる。つまるところ細菌細胞の小型・簡略・強化版である内生胞子は、休眠状態で生き延び、洗浄剤、それどころかアルコールの攻撃にも耐えられる。漂白剤を生き延びることはできないが、確実に破壊するためには濃い溶液に長時間接触させる必要がある。

第一章で紹介した細菌のバイオフィルムも、細菌が殺菌剤に耐える助けになる。複数の細菌細胞をバイオフィルムにまとめるために細菌のつくる物質が、物理的にも化学的にも細菌を守ってくれるからだ。しかし、驚くなかれ。じゅうぶんな濃度でじゅうぶんな時間を与えれば、漂白剤はその守りをも破れるのである。

それ以外にも、**マイコバクテリウム**[用語集]属の細菌は、多くの殺菌剤の作用に耐えられる蠟（ろう）のような細胞壁を備えている。この細菌群は、わたしたちの知る細菌のなかでは「殺菌剤耐性」菌にもっ

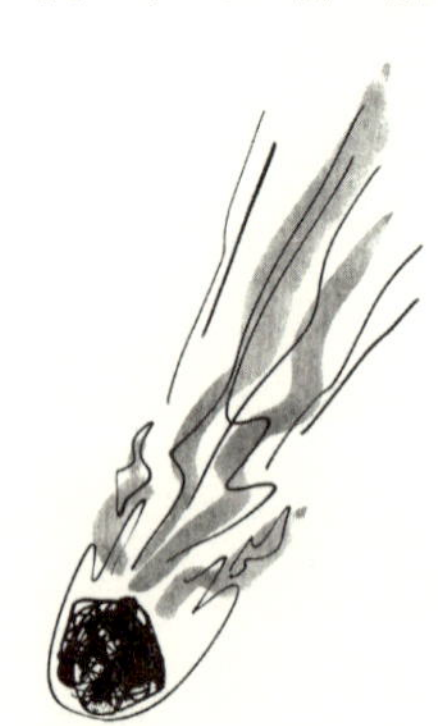

とも近く、ハンセン病と結核（TB）がともにマイコバクテリウム属菌を原因とすることを考えれば、たんなる研究室の珍品ではすまない存在だ。そうした細菌はありとあらゆる方法による化学的攻撃への曝露に長期間耐えられ、ペニシリンなどの一部の抗生物質への耐性を自然に備えている。とはいえ、昔ながらの漂白剤にはやはり効き目がある。ただし、濃度と曝露時間は重要だ。最近の研究では、酢酸、要するに酢にも効果があり、漂白剤よりもずっと使い手にやさしいことが示されている。[原注18] つまり、やっかいな細菌といえども、適切な殺菌剤を正しいやりかたで使えば殺せるのである。

問題は、現実の世界が研究室の実験ではなく、表面の洗いにくさ、殺菌剤の入手可能性、適切な濃度で混ぜる知識と能力、殺菌剤を接触させる時間の長さ、洗浄がじつに退屈な作業である事実など、もろもろの要因が殺菌の効果を下げるはたらきをすることにある。重要なポイントは、世に出ている研究のほとんどが、至極もっともな理由から、病院や極悪な細菌を対象としていることだ。実際のところ、あなたは自宅のトイレで、ハンセン病や結核についてそんなに心配しているだろうか？ サルモネラ菌や志賀毒素をつくる大腸菌株のような細菌でさえ、大多数の人にとっては、ほぼつねにあまり問題にはならない。それどころか、たいていの場合、トイレのなかや周囲にいる細菌のほとんどは病原性ではないので、おそらくたいした害はないだろう。さらに、なんらかの問題を引き起こすほどの数の細菌をわたしたちがとりこんでしまう可能性はきわめて低い——下痢便を食べるとか、便器をなめるのを習慣にするとか、そういうばかなまねさえしなければ。

便座に戻ろう

もういちど、便座にすわっているところを想像してみよう。うんこが放出され、水のなかに落ちる。いくらかのはねかえりが発生するかもしれない。これは細菌が尿路に侵入したり、尻に行きついてのちに摂取されたりする経路になりそうだ。とはいえ、最初の爆雷はきれいな水に沈みつつあり、それが細菌に汚染されたしぶきの問題をかなり緩和してくれる。

米国特許US6170092B1号

糞便はねかえりの恐怖はわたしにとっては思いもよらないものだったが、少なくともある人物は、その恐怖を減じるアイデアの特許をすでに取得していたようだ。もっともその背景には、ひどく誤った情報にもとづくAIDSパラノイアがあるのだが。

米国特許US6170092B1号は「排便の際にはねかえる可能性のある、AIDSに汚染されたトイレの水から身を守る」ためのトイレ用はねかえり防止ガードだ。

この出願者はHIV（ウイルス）とAIDS（疾患）を混同しているが、ひとまずそこは無視し、さらにトイレのはねはHIV感染の原因ではないという事実にも目をつぶるとしても、くだんの装置は、たんにポリスチレンチップをくるんだトイレットペーパー製パッドを水面に浮かべるだけの代物である。こちら（http://www.google.co.uk/patents/US6170092）でその特許を吟味できる。

私見を言わせてもらえば、あなたがトイレットペーパーを束にしてつくったパッドで同じ効果を得たとしても、特許権侵害の警告状が出される可能性は低いだろう。まあ、あなたがはねかえりをおそれているならの話だが。わたしはと言えば、安上がりなビデくらいに考えている……。

不快なブツを便器のなかに片づけたら、そのあとにはいくらかの拭き作業が続く。糞便で手が汚染されることはじゅうぶんにありうるし、低品質のトイレットペーパーを使う場合にはその公算はいっそう高くなる。だが、第四章で見ていくように、湯と石鹸を使う昔ながらの方法で事後にしっかり手を洗えば、どんな細菌でも処理できるはずだ。

拭いたあとは、ふたを閉め（紳士諸君、これで便座がどうのこうのという例のうんざりする会話を回避できる）、流し去る。つまり、トイレのなかにあったうんこは、もうトイレのなかにはない、ということだ。うんこが姿を消しただけでなく、便器はいま、多かれ少なかれ密閉されている。細菌がエアロゾル化して何かに付着する可能性はずっと低くなり、残っている細菌がいたとしても逃げられない。水中にいる細菌は、水が乱されないかぎり、水からとびだすことはできない。したがって、便器をなめたり、なかの水を飲んだりしないかぎり、やつらはあなたに手を出せない！　漂白剤をいくらか振りかけるか、年がら年じゅう新発売されているトイレ用クリーナーを使うかすれば、さらに守りをかためられる。

でも——という声が聞こえてくる——公衆トイレやドアの取っ手はどうなの？　公衆トイレの水道の蛇口は？　いや、それを言うなら、うちの蛇口とドアの取っ手は？　サルモネラ菌や下痢を起こす何かの細菌に感染しただれかが、トイレのなかで糞便ナイアガラ状態になり、手を洗わずにドアの取っ手に触っていたら？　もっともな心配のように思えるが、ここで細かく検証していこう。

パニックになってはいけない

第一に、たいていの場合、たいていの人は、下痢などを起こす感染症にはかかっていない。第二に、感染しているのなら、だいたいは自宅にいて、トイレに閉じこもっている。わざわざ出かけようとする人なんてめったにいない。第三に、すべての下痢が伝染性の細菌によって引き起こされるわけではない。インドネシアで下痢をしている人を調べた研究では、患者六七六〇人のうち、細菌が原因で下痢になった人はわずか九％だった。そのうちの多く（四八・六％）はシゲラが引き起こしたもので（つまり細菌性赤痢）、サルモネラ菌も二九％を占めていた。このふたつの細菌は、どちらも英国で下痢を引き起こしている。だが英国では、充実した衛生設備を利用できるおかげで、実際にはむしろめずらしい例でも「よくある」ように見えるふしがある。二〇一三年には、イングランドとウェールズで一八二二例の細菌性赤痢が報告された。ただし、多くの事例は報告されずに終わるため、実際の数はおそらくもっと多いだろう。[原注19] 全体像を把握するために言っておくと、二〇一三年の英国の人口がおよそ六四〇〇万人だったことからすれば、この症例数はそれほど多いわけではない。三万五一二六人に一人。コインを投げて一五回連続で表（もしくは裏。なんとなく、そちらのほうが適切のような気がする）が出る確率とだいたい同じだ。一部の層の人では、それほど心強い確率ではないかもしれない。たとえば、開発途上国を広く旅行している人や性交経験のある男性同性愛者では赤痢菌に感染するリスクは高くなるが、それでも細菌性赤痢は日常茶飯事とは言えない。サルモネラ症はそれよりもずっと多いが、二〇一三年にイングランドとウェールズで確認された感染例は七五八五例にすぎない。[原注20] こちらは八四三七人に一人の計算で、コインを投げて一三回連続で裏が出る確率と同じくらいである。

全体として見ると、自宅のドアの取っ手に病原性細菌がいる可能性はきわめて低い。公衆トイレの場合、人の往来の多さがその可能性を高めていることはたしかだが、それでもやはり可能性は低い。そうした全体的なリスクの低さに加えて、あなたが感染するためには、感染している人が適切に手を洗わず（第四章で見ていくように、これが七〇％超の人にあてはまることは否定できないが）、細菌があなたに感染するまでの長いあいだ乾いた硬い金属表面で生き延び（実際、多くの細菌種はそうした表面では増殖できない）、さらにあなたがその取っ手のちょうどよい場所を、できれば濡れた手で（移動を助けるため）触れ、じゅうぶんな数の細菌を拾いあげて口へ運ばなければならない。それが起こりえないと言うつもりはない。人間はなにしろ数が多いので、起こりそうにないこともしじゅう起きている。それでも、眠れなくなるほど心配することではないような気はしてくるだろう。まさにそれが、わたしの言いたいことだ。細菌について闇雲に不安になる必要はない。気をつけてさえいればいいのだ。心配なら、肘を使ってドアを開ければいい。ただし、そのあとで肘をなめないように。

そんなわけで、この点は覚えておいてほしい。理論上、うんこは有害だが、どうやら最大のリスクはＵＴＩ（尿路感染症）であり、これはたいていの人がトイレの衛生を心配するときにおそれているものではない。もちろん、うんこに含まれている細菌が実際にひどい害をおよぼす可能性はあるし、ときには死を招く可能性もなくはない。だが十中八九、ほぼ確実に、そうはならないだろう。

それを証明せんとばかりに、人はあの代物をしょっちゅう食べている。インターネットの子育て関連フォーラムにある不安げな質問を信じるなら、一部の子どもはほとんど常食としているようである。うっかりうんこを食べてしまったらどうしようと心配な人は、「うちの子がうんこを食べてしまった」問題に対する米国イリノイ州毒物センターの秀逸なアドバイスを覚えておいて損はない――「口いっぱいの量を摂取しても……毒物とは見なされません[原注21]」

理にかなった（わかりきった、と言う人もいるかもしれない）安全策をとっていれば、おそらくうんこ中の細菌と接触することはないだろうし、接触したとしても手を洗えばいい。あなたが先進国で本書を読んでいるのだとすれば、あなたはとびきり幸運である。便器つきの「極小の部屋」〔英語の smallest room はトイレの婉曲表現――訳注〕と整った下水道システムがあるのだから。そんなわけで、心配するのはやめて、その設備が与えてくれる平和と静寂を満喫するといい。とはいえ、便器のなかでうんこ爆弾が炸裂したようなありさまだったら、どこか別の場所で静かな黙想の時間を過ごすほうが賢明かもしれない。

第三章

熱に耐えられないのなら……

この章では、キッチンにいるたくさんの細菌とそのずるがしこい技、ほとんどの細菌についてはパニックにならなくてもいい理由、それ以外の細菌には重々注意すべき理由、そして鶏肉にはかならず火を通すべき理由を考察する。世界一幸運なメロン栽培者にも会いにいく。

家のなかでトイレに次いで細菌とのつながりがわかりやすい部屋と言えば、キッチンである。細菌を食べてしまうことをおもに心配しているのなら、当然、食べものを調理する部屋は立ち寄るべき港だろう。第一章では、腸のなかにいる細菌を生態学的に考え、あの偉大なる肉の下水管を複雑につながりあったひとつの生態系ととらえてほしいと促した。そのアプローチは、キッチンについて考えるときにも役に立つ。

まず、キッチンの物理的環境の複雑さを考えてみよう。みごとに並んだタイル、しっくいのライン、隙間、作業台、棚、床。どれも細菌が生きられる場所だ。そうした多様な生息環境は、よりどりみどりのメニューを提供している。湿っぽすぎるのは苦手――でもだいじょうぶ、こっちの作業台の隙間に引っ越せばいい。湿気の多い暖かいところが好き――なら、この食洗器のパッキンがぴったりみたい。どこもかしこも硬く、つるつるした陶器でできたトイレはさながら砂漠だが、それに引き換え、キッチンは暖かく湿った森だ。多様な物理的環境が歓迎してくれるだけでなく、消費する材料もたっぷりある。トイレにいる細菌の食事はわりと限定されている。キッチンにいる細菌は、わたしたちが食べるほぼあらゆるものだけでなく、わたしたちが食べないあれこれも自由に選べる。

この生息環境と栄養面での多様性に加えて、キッチンには定期的な再導入プログラムも存在する。しっかり確立された資金豊富なルートをつうじて、わたしたちはすでにキッチンにいる細菌の数を増やし、新しい細菌種を導入しては、新しい前哨基地を設けている。わたしたちはそれを買いものと呼ぶ。そうして新鮮な果物や野菜、生の肉を買って帰ってくるたびに、すでに定着した生態系をさらに大きくしているのである。

一平方インチあたり五六万七八四五個の細菌！

わたしたちのキッチンに途方もない数の細菌が存在していても、たいして驚きではない。「最新研究」なるものを引用して数字を並べたて、それについて思い悩むあなたの目を充血させる人騒がせなメディアの記事を見つけるのは造作ない。たとえば、あなたの家のキッチン排水管には、「一平方インチあたり五六万七八四五個の細菌」がいるらしい[原注1]（メートル法のほうがお好みなら、一平方センチメートルあたり八万八〇一六個）。だが、排水管一平方インチの意味するところがよくわからないし、はっきり言って、その数字の正確さはみごとだが無意味だ。それに、わたしはキッチン排水管から何かをとって食べたりしないし、排水管を調理に使ったりもしない。何かをマリネにしろとレシピに命じられても、排水管につめこんで漬け汁を注いでやろう、などと真っ先に思いついたりはしない。失礼ながらはっきり言わせてもらえば、うちの排水管に何がすんでいるかなんて、このうえなくどうでもいい話である。

それどころか――一インチあたり一〇〇〇万個！

五六万七八四五はたしかに大きい数字だが、キッチンスポンジの一平方インチあたり一〇〇〇万個の細菌ときたらどうだろう？　つまり、キッチンスポンジはトイレよりも二〇万倍汚いということか？[原注2]　一〇〇〇万は、ものすごくたくさんだろう？　なにしろ、英国の人口の六分の一に相当し、米国五〇州のうち四二州の人口を上まわるのだから。しかも、ほんの一平方インチ（およそ六・五平方センチメートル）のキッチンスポンジで。これをそのまま拡大したら、キッチンには数十億の細菌がいることになる。いや、それどころか数兆か。

だが、それがなんだというのか？　そこにどんな細菌種がいて、有害な細菌がどれくらい存在しているのか。それがわからなければ、こうした抽象的な「大きい数字」はたんなる見せかけでしかない。おそろしげに見えるが、細菌はとても小さいし、大きな数字は細菌の専売特許だ。一グラムの土には四〇〇〇万の細菌がいてもおかしくないが、にもかかわらず、庭に入るなと告げるおそろしげな見出しを目にすることはない。それどころか、第九章で見ていくように、庭で過ごす時間がもっと長ければ、わたしたちはいまよりも健康だったかもしれない。わたしたちがするべきは、こうしたショッキングな見出しを細かく検証し、どんな種や株が存在しているのかをつきとめ、その細菌が害をおよぼしうるか否かを評価し、そうした有害な細菌がたんに存在しているだけなのか大量にいるのかを測定し、わたしたちが実際にその細菌を取りこむ可能性のほどを見極めることである。そうしてから、そのリスクを小さくするためにとれる明白かつ単純な方法があるかどうかを判断しなければいけない。要するに、すべてにおいてもう少し理性的になる必要がある、ということだ。

まず、キッチンをめぐるあらゆる恐怖譚の出どころからはじめよう。汚れたバイキン爆弾、避けようのない死を招く破滅の源。すなわち、キッチンスポンジである。キッチンスポンジはたいてい、少なくともタブロイド紙では、細菌チャートのトップに君臨している。そして、あなたがややレトロな皿の洗い方を好んでいるのなら、皿を拭く布巾もたいして変わらないと請けあっておこう。ああしたものは細菌に覆われている。だが、ちょっと考えてみてほしい――そんなの、あたりまえだろう。表面積がおそろしく広く、ほぼつねに湿った環境で、食物のかけらが定期的に補充される。そこで細菌が繁栄していても、ほとんど驚きではない。だからといって、それが健康を脅かす危険というわけではない。

皿洗いに使われる布巾とスポンジについては数多くの研究があり、その知見はあなたが思っているほど明快ではない。いくつかの研究ではたいした懸念材料を見つけられなかったが、ある研究では布巾の三七％で**リステリア**[用語集]属の細菌が見つかり、そのなかには人間にとって有害な細菌種、リステリア・モノサイトゲネスも含まれていた。[原注3] これは正真正銘の恐怖に思える。リステリア菌は危険きわまりない細菌だ。高齢者と新生児と妊婦はとくにリスクが大きい。感染すると命にかかわることもある。英国では、感染したほとんどの人が入院し、およそ三分の一が死亡している。まちがいなく、リステリア菌は深刻な問題である。だったら、ある研究で布巾の三七％にリステリア菌がいることがわかったのなら、これは掛け値なしに大きな公衆衛生上の危険にちがいないではないか？　ヒトという種がまだ存在していることが不思議なくらいだ。スポンジ大粛清を生き延びたのは、食洗機を使っている人だけなのか？　**なんてこった、いったいどうして政府は何もしないんだ！！！**　それにしても、この細菌に感染したことのある知りあいがひとりもいないのは、どうしてなんだ？

リステリアをめぐるヒステリア

わたしたちがばたばた落ちるハエのようになっていない理由は、リステリア菌はよくいるが、リステリア症はそうではないことにある。英国の症例数は毎年一〇〇～二〇〇例くらいで一貫している。米国の疾病管理予防センター（**CDC**）[用語集]は二〇一三年におけるリステリア症の発生数を一〇万人あたりわずか〇・二六件と見積もっている。[原注4] 深刻なのはたしかだが、よくあることではない。

微生物学者はリステリア菌（細菌のほう。その細菌が引き起こす病気ではない。念のため）を「広く分布している」と描写する。この表現は、微生物学界隈では「とりあえず調べれば、そこで見つかる」を意味する傾向がある。自宅のキッチンにありそうなもので言えば、ブリーやカマンベールなどのソフトチーズにいることがもっとも多いが（妊婦がそうしたチーズを避けるようにアドバイスされるのはそのためである）、パテ、バター、アイスクリーム、薄切り肉、家禽の肉、スモークサーモン、パック入りサンドイッチ、低温殺菌されていない牛乳、缶詰の魚、洗っていない果物や野菜でも見つかった例がある。この細菌は低温でもうまくやっていける。冷蔵庫や冷凍庫が細胞増殖を抑えるための標準手段になっていることからすれば、この点は少しばかり問題だ。水、土、野菜、加工食品、さまざまな哺乳類、鳥類、魚、昆虫、さらには家畜や人間のうんこでも分離されている。実際、ある研究によれば、見たところ健康そうな人の六〇%超のうんこでこの細菌が見つかるという。したがって、いま現在、あなたの腸のなかにこの細菌がすんでいる可能性は小さくない（ただし、報告されているパーセンテージは、一%からリステリア・モノサイトゲネスを扱うラボの従業員の七〇%まで、かなりの幅がある[原注5]）。

あなたがいま、おそらくはリステリア症にかかっていない理由は、リステリア菌が体内にいないか、もしくはあなたの免疫系がきちんとはたらいて反応しているか、そのどちらかである。リステリア・モノサイトゲネスはインベイシンと呼ばれる分子（これもまたタンパク質）を産生し、その分子のおかげで免疫系のマクロファージ（「大食細胞」）や腸壁細胞などの細胞に入りこめる。ひとたび細胞内に入ったら、増殖して体じゅうに移動し、「問題」、医学的に言えばリステリア症を引き起こす可能性がある。

健康な免疫系の一部署として、細胞性免疫（ＣＭＩ）と呼ばれるものがある。リステリア菌が侵入してくると、このＣＭＩが始動して、**Ｔ細胞**[用語集]と呼ばれる特別な細胞がリステリア菌を認識し、問題を引き起こすまえに破壊する。健康な免疫系をもつほとんどの健康な人の場合、感染が少しだけ進んで多少の症状、たいていは軽いインフルエンザのような症状が出るかもしれないが、通常ならＣＭＩがきちんと仕事をこなし、リステリア菌が玄関のさらに奥まで入りこんでくることはない。問題が起きるのは、免疫系の弱っている人が感染し、ＣＭＩがリステリア菌を食い止められなかったときだ。とはいえ、見たところ健康そうな人でも、ときにリステリア症にかかることはある。[原注6]

世界一危険なメロン

おおぜいの人が感染するリステリアのアウトブレイクはけっしてよくあることではないが、発生すると深刻な事態になる。とりわけひどいアウトブレイクは二〇一一年に米国で発生したもので、この事例はリステリア菌の居場所が無殺菌の乳製品や加工食品ばかりではないことをあらわにしている。このときの悪者、もっと正確に言えば悪者たちは、カンタロープメロンだった。最終的に特定の供給業者、具体的にはコロラド州にあるジェンセン農場のものとつきとめられた問題のメロンは、複数の州で一〇〇人をゆうに超える人をリステリア症に感染させ、三三人を死に至らしめた。食品を原因とするアウトブレイクとしては米国史上三番目に多い犠牲者を出したこの事例を引き起こしたのは、メロン包装工場における複数の不備の組みあわせだった。どれも簡単に予防できたはずのものだ。作業場の管理がお粗末で、凝縮水用の配管から滴る水が床にたまってリステリア菌が増殖し、しかも汚染された道具が適切に洗浄されていなかった。立ち入り検査では、中古のジャガイモ洗浄機がメロンの洗浄に使われていたこともわかった。コロラド州で育つメロンがひどく小さいか、ジャガイモがひどく大きいのでもないかぎり、よい方策とは思えない。問題の農場を所有・経営していた兄弟はアウトブレイクを起こしたかどで起訴されて有罪となった。もっとも、「故意ではなかった」とされたおかげで実刑は免れたが。この事件の詳細を読むと、兄弟がおそろしく幸運だったか、だれもが味方につけたいと思うにちがいないタイプの弁護士を雇っていたかのどちらかだろうと考えずにはいられない。[原注7]

では、わたしたちはリステリアについて心配するべきなのか？　もちろん心配するべきだが、その心配は現実の危険に向けられた理性的なものでなければいけない。どんなものがリステリアの感染源になる可能性が高いのか――皿洗い用のスポンジか、汚染された食べものか？　別の言い方をすれば、比較的少数のリステリア菌がいるかもしれない（いない可能性もじゅうぶんにある）があなたの食べないものか、リステリア菌にとって理想的な繁殖地になり、不用意な食品加工によって汚染される可能性があり、ひとえに食べる目的であなたが買うものか？　リステリアのアウトブレイクはめったに起きない。これはおもに食品加工にかんする厳しい規則のおかげだ。しかし、コロラド州のメロンのアウトブレイクが教えてくれているように、過ちは起こりうるし、実際に起きたときには命にかかわる結果になることもある。健康と安全にかんする法律は、他人の楽しみに水を差したがるどこかのだれかが、チェーンソーのジャグリングを子どもに教えるエンターテイメント事業を興そうとするあなたを阻むためだけにあるわけではないのだ。

そのいっぽうで、わたしたちの家や職場、ヘルスクラブ、パブのトイレをはじめ、ほぼあらゆるプライベート空間や公共の場の一見すると無害そうな場所に潜むおそろしい細菌をめぐる恐怖譚の大部分は、そうした場所の調査が以前よりも簡単かつ安上がりになり、わたしたちがわざわざ調べてみようという気になった結果として生まれたものだ。病気を引き起こしうる細菌種が存在するからといって、キッチンを封鎖して餓え死にする必要はないし、悲しいかな、仕事へ行くのをやめなければいけないわけでもない。

だが、ここでちょっとキッチンに戻り、「殺人バイキンの潜伏場所」としてメディアを騒がせているもうひとつの大きなパニックの源を見てみよう。それは何かと言えば——まな板である。多くの人と同じように、まな板もまた、傷ひとつないつるつるの状態で一生をスタートさせるが、使っているうちに表面が傷や穴だらけになる。細菌の素敵な隠れ家になるそうした穴と、多くの人はおそらく同じまな板でほぼすべての食品を切っている（その途中でさっと拭くことはあるにしても）という事実を組みあわせれば、汚染と感染にうってつけの場所ができあがるのは疑いようがない。

次にディナーをつくるときには……

そろそろあなたにもパターンが見えはじめているだろうから、さっそく本題に入ろう。まな板の研究では、リステリア菌、サルモネラ菌、**カンピロバクター**用語集、そしてトイレ時代からのわれらが旧友、大腸菌（あとで説明するが、かならずしもわたしたちのうんこ出身ではない）の存在が示されている。さて、「何かから細菌が検出される」が「人がばたばたと死んでいく」と同義でないとはいえ、チラシの裏でできる簡単な計算と少しの常識だけでも、まな板にはちょっと気をつけたほうがいいことがわかる。ここで、わたしと一緒に食事の支度をしてほしい。もちろん、高級なものではない。学者の給料では、そんなものは無理である。

いい感じの鶏肉料理をつくってみよう。たとえば、鶏胸肉の切り身（カンピロバクターひとつまみとサルモネラ菌を少々）をフライパンで焼き、適量のクリーム（リステリア菌のサイドオーダー）をかけ、ネギ（飾りに若干の大腸菌）とマッシュポテトを添え、ハーブを散らすなんてどうだろう？　ワインをグラス一杯だけソースに加え、残りはわたしがいただく。ワインの行方をめぐる公式談話はこうなる――「ほとんろはソースに入れたのれ……」

では、はじめよう。まずワインをグラスに注ぎ、創造の源たる液体を喉に流しこんだら、鶏肉を冷蔵庫から出す。鶏肉はいつも近所のちゃんとした精肉店で買うつもりでいるのだが、じつを言うとそこは駐車がなかなかやっかいなので、本日の鶏肉はラップのかかったプラスチックトレイに入っており、このみごとな胸肉のかつての持ち主が最低最悪の生涯を送らなかったことをほのめかす「なんとかコンシャス」のロゴがついている。わたしは最初に手に触れた包丁をつかむ。ごく普通の短めの包丁だ（これはあとでまた必要になる）。胸肉をいましめている薄いフィルムに包丁の刃をぐるりと走らせる。さっきのワインのおかげで、わたしの手は自分が望むほど安定しておらず、胸肉のひとつをかすめてしまうが、たいした問題はなさそうである。胸肉がまな板にぽんと放り出される。さきほどよりも鋭利な包丁を使い、例のへんてこなミニ胸肉（米国ではチキンテンダー〔やわらかい鶏肉の意。日本語で言うところのささみにあたる――訳注〕という狡猾な呼称で売られている）を切りわけ、子どもたちのためにとっておく。包丁を両方ともまな板の上に置き、リースリングワインをもう一杯。胸肉が少々の油とともにフライパンに入る。よし、次は野菜だ。

ジャガイモは皮をむいてゆでてからつぶすので、わざわざまな板を洗うような無意味なまねをするつもりはない。沸騰した湯に二〇分入れておけば、どんな細菌だって死ぬ。そんなわけで、さっと皮をむき、乱切りにして鍋に入れつつ、こっそりグ

ラスにワインをつぎたす。さて、次はほかの野菜にとりかかるとしよう。じゃあ、まな板を裏返して、きれいな面を使おう。天才！

さらにワインをつぎたしてから、ネギを切る。小さいほうの包丁は役に立たない。そこで、鋭利なほうの包丁が登場する。わたしは生のネギに目がないので、図々しいシェフの醍醐味としてちょっとつまんでから鍋に投入する。材料を移動させているうちに、いつのまにかまな板が床の上に行きつくが、鶏肉を切った面が上を向いているのは絶対確実だから、床掃除の手間は省ける。短いトイレ休憩のときに、このまな板で鶏肉を切ったのかと妻に訊かれたような気がする。「そっちの面じゃないよ」とわたしは大声で返し、それほど大きくない声で「たぶん」と続ける。

キッチンに戻ると、そろそろ胸肉をフライパンから出すころあいだ。とりあえずは、まな板の上に出しておこう。きっと、妻はまな板を引っくり返さなかったはずだ……。

細心の注意を払っていても、最終的にまな板や作業台などの表面が汚染されるのはあまりにもたやすい。包丁で生の鶏肉を切り、その包丁を、きれいだと思っているがじつはそうではないまな板の上に置く。おまけに、まな板のどっちの面を、あるいはどのまな板を何に使ったのかを忘れてしまう。生野菜に目がなく、「シェフの醍醐味」をたしなむ習慣も、汚染問題の助けにはならない。こうしたもろもろの活動を考えあわせれば、キッチンの表面で細菌がやすやすと見つかるのは意外でもなんでもない。だが例によって、わたしたちが考えなければいけないのは、この重要な疑問である――それは実際に健康上の危険なのか？

サルモネラ

ここでサルモネラ菌に注目しよう。こと調理にかんしては、サルモネラ菌はまちがいなく心配な細菌だ。大腸菌と同じく、サルモネラ菌も多様で、異なる株が数多くあるだけでなく、いくつかの異なる種も存在する。一部の菌は腸チフスを引き起こす。リステリア症と同様、それが起きるのは、感染した菌が腸から離れ、体のほかの場所へ移動しはじめたときだ。腸チフスになるのは、腸チフスにかかっただれかのうんこに汚染された食べものや水を摂取したときで、開発途上国で生じることが圧倒的に多い。これには不十分な衛生設備や、食品や水の衛生管理のまずさが影響している。先進国の場合、それよりもはるかに可能性の高いシナリオは、チフス性株ではないサルモネラ菌に感染し、サルモネラ症という身もふたもない名がついた病気に至るケースだ。

では、サルモネラ菌はどのようにしてわれわれの食べものに行きつくのだろうか? これまでに出会ってきたほとんどの細菌と同じように、サルモネラ菌も腸内微生物であり、さまざまなペットや野生動物や家畜の腸で見つかる。食肉を処理する際には、普通であれば、腸の内容物が肉に接触しないように細心の注意が払われるが、ときどき、その注意がたりないことがある。やっかいなのは、そうして汚染された肉（豚肉、牛肉、鶏肉、それに魚介類も含む）であっても、見た目やにおいは問題ない可能性が高いことだ。それよりも直接的なルートをつうじて動物のうんこがわたしたちの食べものを汚染する場合もある。灌漑用水が汚染されていたり、動物が作物の上にじかに糞をしたりすると、果物や野菜が汚染され、それがわたしたちの冷蔵庫や口のなかに入りこむことがある。魚介類の汚染は、生息場所の水が汚染されているせいで生じるケースもある。哺乳類や鳥類に由来する大腸菌も、危険な株を含め、同じルートでわたしたちの腸内に入りこむ。こうした動物とのつながりから、サルモネラ症はときに**人獣共通感染症**[用語集]と呼ばれる。つまり、動物から人間に感染する病気ということだ。

ひとたび腸に入りこむと、サルモネラ菌は仕事にとりかかる。一二時間から数日のあいだ、腸内で黙々と増殖してから、トラブルを引き起こす。大腸菌などのほかの病原性細菌と同じ方法で腸壁細胞に侵入するのだ。

わたしたちの腸の内側は上皮細胞に覆われており、その細胞のひとつひとつに（それを言うなら、すべての細胞に）細胞膜がある。脂質でできた細胞膜はまさに分子構造の驚異で、細胞をひとつにまとめつつ、細胞の内側と外の世界とのつながりを保っている。サルモネラ菌はこの細胞膜にくっつく。細菌の細胞膜には、Ⅲ型分泌装置もしくはインジェクチソームと呼ばれる特別なタンパク質の集合体がある。これは注射器のようにはたらき、いわゆるエフェクタータンパク質を細胞内に注入（インジェクト）し、宿主細胞で作用を引き起こす（エフェクト）（タンパク質にはたいてい、身もふたもない名前がついている）。サルモネラ菌の場合、その作用はきわめて劇的である。感染した上皮細胞に細胞膜を外側へのばすよう促し、細菌を包みこむ膜のポケットのようなものを形成させ、すてきな細胞膜の小袋に入っ

た細菌を細胞内へと運びこませるのだ。[原注8]
普通なら、有害な何者かがこのプロセスで細胞内にうまく引っぱりこまれても、結局はかなりひどい目にあう。酵素のつまったリソソームと呼ばれる特殊な小さい「袋」が細菌の袋（もっとちゃんとした名前で言うなら液胞）と融合し、なんであれそのなかに入っているものをたちまち消化してしまうからだ。ところが、狡猾なサルモネラ菌は第二のタンパク質を注入し、リソソームとの融合を妨げるように液胞膜を変化させる。ひとたび細胞内に入ったらめちゃくちゃに暴れまわり、炎症により生じる腹部けいれん、血の混じった粘液性の下痢、発熱を引き起こす。それどころか、食中毒だとすぐに確信させるありとあらゆる症状を生む。
リステリア症はめずらしい病気だが、それに比べればサルモネラ症はよく見かける。また、リステリア症と同じく、集団発生することもあれば、単独の症例として生じることもある。サルモネラ菌の感染源のひとつが卵で、これは殻の外側がニワトリの糞で汚染され、そこにいる細菌が内側に入りこむことがあるからだ。米食品医薬品局（ＦＤＡ[用語集]）の推計によれば、米国では年間一四万二〇〇〇人が卵経由でサルモネラ菌に感染しているという。[原注9]これは血便としては相当な量だが、少なくともこの感染源にかんしては、大衆をサルモネラ菌から守ることは不可能ではない（囲み参照）。

卵にはご用心……

一九八八年、ある有名な政治の嵐が英国で勃発した。きっかけは、政府閣僚のひとりだったエドウィナ・カリーが、英国で生産される卵のほとんどは汚染されていると発言したことだ。これにより卵の売上が激減し、そこから発展した騒動はカリーをたちまち辞任へと追いこみ、全英のメディアが卵パックひとつを埋めつくすほど大量のしょうもないダジャレをラン発した。

二〇〇一年、ちょっとした隠蔽があった事実が浮上し、英国の卵の「ほとんど」というカリーの発言はいささか大袈裟すぎたものの、その見解はおおむね的を射ていたことが明らかになった。[原注10]

一九九八年以降、サルモネラ菌ワクチンを接種したニワトリから生産された英国の卵には「レッド・ライオン」マークがつくようになり、英国で報告されたサルモネラ症の確定症例数は減少した。その減少はいまも続いている。英国政府のデータによれば、二〇一三年の症例

数は合計七五八五例で、二〇〇一年からほぼ半減した。おそらく、この減少の最大要因は雌鶏のワクチン接種だろう。[原注11]

英国では、サルモネラ菌感染が全体的に減少しているにもかかわらず、いまだにアウトブレイクが発生しており、そこにニワトリの影が見えないこともめずらしくない。たとえば、二〇一四年には英国で多くの患者が集団発生し、三二例にハンプシャーの中華料理レストランが、三一例にマージーサイドの中華料理のテイクアウト店が関係していた。中華料理を避ければ安全だと思われるといけないので言っておくと、三四例にはバーミンガム・ハートランズ病院が絡んでいた。[原注12]

ときには、かなりおおぜいがやられることもある。二〇一三年にニューカッスルで開催された「ストリート・スパイス」フェスティバルでは、未加熱のカレーリーフを食べた四一三人が下痢と嘔吐に襲われ、望んでいた以上にスパイシーな気分を味わった。全員ではけっしてないが、複数の患者でサルモネラ菌、大腸菌、赤痢菌（そう——英国のストリートで細菌性赤痢が発生したということである）の存在が確認された。[原注13]このアウトブレイクによる死者はひとりも出なかったものの、なかには、ことのほか不運だったのだろう、複数の細菌に同時に感染した人もいた。だったら、屋台で売られている食べものは避けたほうがいいのか？

かならずしもそうではないが、熱々の油や煮えたぎる鍋から取り出されるところを実際に自分の目で確認できるものを買うほうが安心であることはまちがいない。

イグアナの夜（トイレにて）

サルモネラ症を引き起こすのは汚染された食べものだけではない。あなたが爬虫類や両生類を飼うのを好むタイプの人なら、世話をするときには気をつけたほうがいい。イグアナのイギーはあなたにみごとなひと噛みを見舞うだけでなく、ほかのトカゲ、ヘビ、カエル、ウミガメ、リクガメ、イリエガメと同じく、天然の腸内マイクロバイオータに由来する大量のサルモネラ菌が糞に含まれている可能性がある。そうした動物に触れたり、飼育用水槽の水を扱ったりすると、感染するかもしれない。

とくに、幼い子どもは感染しやすい。米国では二〇一一年から二〇一三年にかけてサルモネラ症のアウトブレイクが八回発生し、四一の州とワシントンDC、プエルトリコで四七三人が感染した。死者は出なかったが、感染者の二九％が入院した。この時期の症例をさかのぼっていったところ、「ウミガメおよびその生息環境へ

の曝露」に行きついた。患者の年齢の中央値は四歳だった。中央値は平均値の一種で、データポイント（この例では感染した人ひとりひとりの年齢）を順番（低から高）に並べ、「中央」の値を求めて導き出す。このアウトブレイクにおける年齢中央値の著しい低さは、幼い子どもが突出して感染しやすいことを強く示唆している。症例の三一％が一歳未満、七〇％が一〇歳未満の子どもだった事実も、統計的推測を裏づけている。

なぜ、これほど子どもがかかりやすいのか？　おもな原因は、本書ですでに触れた行動パターンにある——なんでも口に入れてしまうからだ。これは給餌という点では便利な習性だが、残念ながら、子どもたちが口に押しこむものはかならずしも有益ではない。それはときに小さなおもちゃだったり、うんこのかたまりだったり、カメのトーマスだったりする。好奇心旺盛な子どもの口に収まるくらい小さいカメとサルモネラ菌との関連はしっかり実証されており、体長四インチ（約一〇センチメートル）未満のウミガメ、イリエガメ、リクガメの生体販売を禁じる具体的な規則をFDAが設けているほどだ。連邦規則集（CFR）タイトル21、チャプター1、サブチャプターL、パート1240、サブパートD、セクション1240・62（適当にでっちあげているわけではない）、通称「四インチルール」（規則名の文字列の長さではなく、この規則で禁じているカメ類の大きさにちなんだ名称）は一九七五年から施行されており、この規則を破ると、一年の懲役と一〇〇〇ドルの罰金が科せられる可能性がある。[原注14]

大腸菌……ふたたび！

病気を引き起こしうるもうひとつの細菌、すなわち大腸菌には、わたしたちはすでにトイレで対面している。どの細菌よりも詳しく研究され、腸内マイクロバイオータでもいちばん名の知れたこの細菌を紹介する場所としては、トイレがぴったりのような気がしたからである。だが、すでに見たように、正真正銘の問題を引き起こすのは一部の株だけであり、とくに注目に値するのはそのうちのいくつかだ。大腸菌がわたしたちの体内に入るときによく使うルートは、だれもがおそれる人糞と口を結ぶ直接的な経路ではなく（それが起こりうることはたしかだが）、もっと間接的な、動物の糞と口を結ぶ経路である。疾病管理予防センター（CDC）がまとめた米国のアウトブレイクのリストをざっと調べてみた。そこに載っていた感染源をいくつか挙げておこう——生のクローバースプラウト、牛ひき肉、できあいのサラダ、有機栽培のホウレンソウ、生のクローバースプラウト（またただ。自分用メモ、クローバースプラウトは避けること……）、殻つきのヘーゼルナッツ、ロメインレタス、クッキードウ、ピザ、生のホウレンソウ、ミネソタ州の移動ペット動物園[原注15]。

「食中毒」について考えるとき、たいていの人は「肉」、おそらくはとりわけ鶏肉を思い浮かべがち（あとで見ていくように、これにはもっともな理由がある）だが、大腸菌アウトブレイクの多くにはサラダと野菜が絡んでいる。さらに、そのうちの多くにO157：H7、つまり志賀毒素をつくる危険きわまりない株が関係している。そして、これは絶対確実に言えることだが、どのアウトブレイク事例でも、だれかしらがその大腸菌を摂取している。つまり、動物か、ひょっとしたら人間のうんこを食べたということである。もちろん、わたしたちの食べものについたうんこがすべて大腸菌に汚染されているわけではない。したがって、具合の悪くなった人は、少なくとも自分がそれを食べた事実をわかっているということになる。ほとんどの人は、たいていの場合、気づかずにもぐもぐ食べているのに。正直言って、あまり慰めにはならないが。

鶏肉は細菌ルーレット?

本書のこの先では、残りの章のほとんどを費やして、細菌はたいてい無害か有益のどちらかであるとあなたを納得させるつもりだが、ちょうどいま、細菌コンテストで注目を集める魅力的な優勝候補、すなわち病原菌を探しまわっていることだし、先ほどつくったチキンディナーもあっというまに冷めてきているので、この機に食中毒界の大立者を紹介しておいてもいいかもしれない。その細菌は、かならずしも世間からしかるべく認知されているわけではない。リステリアはヒステリアと韻を踏むので、怠惰きわまりない見出しライターでもうまく記事にできる。サルモネラは掛け値なしの認知度を誇るブランドだ。大腸菌（E・コリ）には、編集者の心に訴える適度な「科学っぽさ」がある。それに対して、カンピロバクター(Campylobacter) は綴りが難しいうえに、下手な思いつきでつくられた軟弱なサイクリング用アクセサリーのような響きがある。
ブランド認知度が比較的低いにもかかわらず、カンピロバクターはかなりの胃腸炎（これまでに見てきた腹痛、下痢、嘔吐を総称する医学用語）の原因になっている。それどころか、先進国ではカンピロバクター感染症は細菌性胃腸炎の最大の原因であり、英国だけで年間二八万症例を引き起こし、二〇一二年には英国健康保護局がイングランドとウェールズで六万五〇三二人の陽性を確認した。[原注16]
カンピロバクターが特筆に値するのは、きわめてまれだがひどく深刻な合併症を引き起こすことがあるからだ。ポリオがほぼ根絶されたため、世界における急性神経筋麻痺の最大原因はギラン・バレー症候群（GBS）になっている。GBSになるのは、免疫系がやや混乱し、まちがった標的、このケースでは神経系を攻撃しはじめたときである。この病気は自己免疫疾患のひとつだ（自己免疫疾患はこのあとの章でほかにもいくつか登場する）。GBSは治療可能であり、患者の八〇％は完全に快復するが、快復しない人では体の動き、感覚、バランス、筋力の問題が長く続くこともある。[原注17]
GBS症例のおよそ六〇％はウイルスまたは細菌感染のあとに生じ、感染が免疫系による神経攻撃の引き金になると見られている。感染性胃腸炎のあとに発症するケースもある。とりわけ関連の深い細菌のひとつが、カンピロバクターである。世界中で発表された文献を検証した最近の系統的レビューでは、GBSの三一％はカンピロバクター感染が原因であると結論づけられている。[原注18]だが、正直に言おう。それよりもずっと重要な統計値は、カンピロバクター感染症にかかった人のうち、GBSを発症する人の割合である。同じ系統的レビューの推計では、カンピロバクター感染症一〇万症例あたり、GBSを発症するのは三〇・四〜一一七例とされている。英国ではGBS症例は年間一二〇〇例と推定されており、またもやチラシの裏でささっと計算すると、そのうち三七二例がカンピロバクターに起因する可能性があると考えられる。カンピロバクター感染症一〇万症例あたりに換算すると、GBSを発症するのは一三三例弱となる。多いほうの推定値をとったとしても、やはりGBSはまれな合併症と言える。

カンピロバクターがわたしたちの体内に入る際の主要なルートになっているのが、家禽である。症例のおよそ五〇％は、家禽を取り扱ったり食べたりしたことから生じている。ただし、豚肉や牛肉を食べたり、殺菌処理されていない牛乳や汚染された水（つまり、動物のうんこが含まれている水）を飲んだり、ペットや家畜と接触したりしても感染する可能性はある。[原注19]

空を見あげるときに口を閉じておくほうがよい理由

カンピロバクターは「カーブした細菌」を意味し、この特徴的なコルク抜きのような形をした細菌種はたくさんいる。人間における感染の大部分を引き起こしている種は、カンピロバクター・ジェジュニとカンピロバクター・コリだ。後者は大腸菌（エシェリヒア・コリ）と混同しないようにしてほしい（ジェジュニの由来のジェジュナムは小腸の中央部にあたる空腸を指す名称で、いっぽうのコリは下腹に位置する結腸を指す）。だが、このショーの花形はカンピロバクター・ジェジュニである。人間における感染の八五％超を引き起こし、ＧＢＳとの関連がもっとも広く見られる細菌種でもある。家禽によくいるこの細菌は、野鳥を含めた家禽以外の鳥の腸内にもごく自然に、たいていはなんの害もおよぼさずに存在している。ある研究では、ヨーロッパにいる野生のムクドリのほぼ三分の一が糞とともにカンピロバクター・ジェジュニを排出していることがわかった。[原注20] ムクドリの群れの観察に行くことがあるのなら、その点を頭に入れておくほうがいいだろう。数千羽が集まって秋の空を旋回するあの鳥たちの巨大な群れは、ただ眺めているぶんにはすばらしいが、地上においてはテレビでは伝えきれないふたつの知覚体験を特色とする。第一に、信じられないほど騒々しい。そして第二に、群れ（マーマレーション）がたまたまあなたの頭上でざわめいて（マーマレーティング）いたりすると、糞の雨を浴びせかけられる。それを思うと、下痢の裏に複雑な真の理由が存在するかもしれないときに、いったいどれだけの数のチキンディナーが不当に責められたのだろうかと考えずにはいられない。だからといってバードウォッチングを避けるべきだとは思わないが、空を見あげるときには口を閉じておくことを断然おすすめする。

良識的になろう……

現代の手軽なメディアと絶えまなく流れるニュースの問題点は、ある種のパラノイアを育むのにうってつけの環境を提供していることにある。そうしたパラノイアはごくありふれたものだが、ちょっとした後押しで容易に膨らみ、有益なレベルから逸脱してしまう。キッチンに対して無鉄砲なアプローチをとると、いずれは涙に終わることになるだろう。実際のところ、あなたの生体構造の目とは別の部分から流れ出て、後始末にティッシュ以上のものを必要とする液体に終わる可能性もある。わたしたちの食べるものの一部が細菌に汚染されているのは純然たる事実だ。これは食品業界そのものの「落ち度」ではないが、汚染を減らすためにとれる対策があるのはたしかで、通常は実際にとられている。わたしたちはほかの動物と植物を食べる動物であり、その動物と植物は周囲の環境やほかの動物やその産物と接触しながら生きてきた。そうした動物の体内にある生態系の居住者は、わたしたちの体内の生態系にはしっくりなじまない。その望ましくない客の乗りものが肉や家禽であれ、果物や野菜であれ、いくつかの簡単な（もっとはっきり言えば、常識的な）対策をとれば、リスクを減らすことはできる。

まず、これはわかりきったことだが、些末な問題を心配しすぎるのをやめなければいけない。細菌性胃腸炎が発生するのは、おたくのキッチンの排水管にサルモネラ菌がいますよ、とどこかのジャーナリストが報じるからではない。そのリスクを良識的にじっくり考えてほしい。細菌がどこにでもいて、探す気になればたいていは見つかることを忘れてはいけない。わたしたちに害をおよぼしうるのはごく一部の種だし、そうした病原菌となりうる種が存在しているからといって、かならずしもわたしたちと接触するわけではなく、問題になるほどの数がいるともかぎらない。

キッチンスポンジは、少なくともいくつかの研究によれば、汚染されている可能性がある。病原性かもしれない細菌に覆われたスポンジを使ったり、その細菌を作業台や皿にこすりつけたりするのは、たしかにやめておくほうがいい。とはいえ、あなたの家族を全滅させようともくろむスポンジ面したサイコパスのように扱う必要はない。心配なら、スポンジを漂白剤の溶液に浸すという手がある。これはすこぶる安上がりで簡単な消毒方法だ。汚くなりすぎるまえにスポンジを捨てるのもよい考えだろう。使ったあとはしっかりしぼって空気乾燥させれば、衛生面の効果が得られる。細菌がもっとも繁殖するのは湿った環境なので、乾いたスポンジでは苦労するはずだ。それから、スポンジを食べものに使ってはいけない。鶏肉を拭いてはいけないし、カボチャを磨いたり、ブロッコリーをこすったりしてもいけない。そうそう、最後にもうひとつ、スポンジを食べてはいけない。これは食べられるたぐいのスポンジではない。

サルモネラ、リステリア、大腸菌、カンピロバクターのような一部の細菌は食中毒を引き起こしうるが、そうした細菌に感染する可能性が圧倒的に高い状況を知るための手がかりは、じつはなにげなく口に出される名称にある——食中毒。つまり、家庭内で何よりも心配しなければいけないのは、食べものと、食べものの調理方法なのだ。農業や調理にかんする現代技術は、わたしたちの直面するリスクを低め、過去二〇年ほどにおける細菌性食中毒例の大幅な減少に少なからず貢献してきた。その点は疑いようがないが、できることはまだまだある。ミスはいまも起きているし、食品が手元に届くまえにわたしたちにとれる策はないとはいえ、ひとたび主導権を握ったあとに良識的な予防策を講じることは可能だ。そしてそれは、むやみやたらに心配するという意味ではない。

鶏肉については、汚染されている可能性があると考えるほうが賢明だろう。というのも、少なくとも現在の英国では、それが純然たる事実であるからだ。食品基準庁による最新調査では、店舗で購入した生の鶏肉の五九％がカンピロバクター陽性となり、検体の一六％がきわめて高いレベルで汚染されていた。カンピロバクターはたんに「そこ」にいるだけではない。多くの鶏肉では、トイレから長く離れていられない事態につながるレベルで存在している。生産にかんする規則をもっと厳しくすれば、今後数年でそのレベルが下がるのはまちがいないが、鶏肉のおよそ六分の一にかなりの数のカンピロバクターがいるのだと認識しておくほうが賢明と思われる。[原注21] とはいえ、鶏肉好きの人たちがチキンキーウ〔鶏肉でバターを巻き、衣をつけて揚げた料理──訳注〕を汚らわしいとばかりに投げ捨てる必要はない。ここで、食中毒を避けるための簡単な「チキンルール」をまとめておこう。

（一）絶対に生の鶏肉を洗わないこと。洗うとキッチンじゅうに細菌が飛び散ってエアロゾル化し、シンクを汚染する。まったくなんの得もない。そんなことはやめておけ。

（二）生の鶏肉を保存するときにはきちんと包み、包装材の目に見えない穴から出た水滴がほかの食品にしたたり落ちないように、冷蔵庫のいちばん下に置くこと。もちろん、そんなことは言うまでもないが、大型店からの帰宅とともに開幕するすでに満杯の冷蔵庫との格闘のさなかには簡単に無視されてしまう。

(三) 生の鶏肉がほかの食品に触れ、その食品をすぐに、かつ徹底的に煮たり焼いたりするつもりでないのなら、その食品も汚染されたと考えること。

(四) 生の鶏肉に触れた台所用品、表面、包丁は徹底的に洗うこと。食洗機のあの素敵なスチームは台所用品にはうってつけで、少しの漂白液は作業台ですばらしい仕事をしてくれる。

(五) 生の鶏肉を扱ったあとは石鹸と湯でしっかり手を洗い、洗ったあとは手の水気をとること。

(六) 鶏肉に完全に火を通すこと――細菌のことは気にせず、味という点だけをとってみても、鶏肉はレアで食べるべき肉ではない。だから、全体が熱々になり、生焼けのピンク色の部分がなくなり、肉汁が透明になるまで加熱しよう。肉用の温度計を手に入れてもいいが、めざすべき温度にかんして一貫した答えを見つけられるかどうかは幸運を祈るしかない。ちなみにわたしが見つけたかぎりでは、鶏丸ごと一羽の内部温度として推奨されている温度のうち、もっとも高い値は八五℃(全体の温度)だった。それならまちがいなく効果があるだろう。そのほか、七四℃という意見(米ＣＤＣなど)があるいっぽうで、英食品基準庁は「全体が熱々で湯気をたてている状態」を支持している。これは精度には欠けるものの、実用性の高い助言だ。

衛生上のルールをもう少し

鶏肉に気をつけるのはごく簡単にとれる策だが、それなら大腸菌は？　野菜のサンドイッチからクッキードウまで、ありとあらゆるものを汚染できそうなあの細菌の能力についてはどうすればいい？　その点のアドバイスはCDCに頼ろう。というのも、わたしの推論によれば、訴訟好きの呼び声が高い国民性からして、最低でも法廷で正当化できる公式なアドバイスが存在する可能性が高いからだ。CDCのアドバイスは心強いほど良識的で、おまけに従いやすい。実質的には、前述のアドバイスとほとんど同じだ。どんな種類であれ、うんこを扱ったあと（トイレへ行く、おむつを替えるなど）、動物に触れたあと、調理のまえにはよく手を洗うこと。肉にしっかり火を通し、二次汚染を避けるために、調理器具やまな板をきれいに保つこと。また、殺菌されていない牛乳、乳製品、果汁を避けることも推奨している。低温殺菌されていればだいじょうぶ――熱をともなうプロセスが細菌を殺してくれる。最後に、泳いでいるときにまわりの水を飲んではいけない。[原注22]

CDCは果物と野菜を洗うこともすすめている。思い出してほしいが、果物と野菜は大腸菌アウトブレイクにちょくちょく関係している。この点については英国国民保健サービス（NHS[用語集]）も同じくらい率直な物言いをしており、二〇一一年に英国で発生して二五〇人の感染者を出したアウトブレイクの原因が、おそらくはネギとジャガイモの外側に付着した土に含まれる大腸菌だったことを強調している。[原注23] ここで重要なのは、土を洗い落とすことである。ほとんどの細菌は土についてくる。リンゴやレタスの表面から細菌を残らず洗い落とすことはできないだろうが、流水でよくこすり洗いすれば、青果についた土を取り除き、ひいては問題の大部分を取り除けるはずだ。少量の土は栄養価もたかがしれているし、動物の糞が周囲にたっぷりある農場の環境から来ているかもしれない。土を食べたいのなら、余分なおまけとして動物の腸内マイクロバイオータがついてくる可能性の低い供給元を選ぶことをおすすめする。念のため……。

もろもろのアドバイスをまとめると、いくつかのごく簡単なルールに行きつき、それで細菌の絡むたいていの事態に対応できる。無殺菌の食品を避ける、二次汚染に気をつける、感染されている可能性があるものを扱ったあとと調理のまえには手を洗う。それから、開ける必要のないときには口を閉じておく。これは多くの状況にあてはまる、なかなかよいアドバイスだ。果物と野菜を流水で洗う、そして鶏肉は絶対に洗ってはいけない。

食べものに含まれる細菌のリスクはたしかに存在するが、しかるべき注意を払えば、そのリスクは実際のところごく小さなものになる。問題は、手洗いのような簡単なことをするときでさえ、わたしたちがじつはあまり注意深くないことにある……。

第四章

握手を（とくに男性と）するときにはよく考えたほうがいい理由

この章では、わたしたちの手洗いのひどさ、きちんと手を洗えば年間一〇〇万人の命を救えるかもしれないこと、最適な手の洗い方を見ていく。そして、「できる」が「すべき」を意味しないことを心に留めつつ、「豚インフル対策のジェル」で酔っぱらえるかどうかも考える。

トイレとキッチンに共通するテーマは、ちょっと大仰に「手指衛生」と称されるようになっているものの、ほとんどの人は「手洗い」と呼ぶであろう行為の重要さである。人間の「脳のなかのこびと」――身体部位をそれぞれに割り当てられた脳の大きさという観点から表した、おそろしくバランスの悪い人間の像――を見ると、ばかでかい生殖器を別にすれば、ひときわ目立っているのは巨大な手と分厚い唇だ。わたしたちはまさに手と口の生きものなのである。そして、わたしたちが頻繁に唇を手で触り、口にものを押しこんでいることからすれば、手にいる細菌がいずれ腸に行きついたとしてもほとんど驚きではない。そして、要は手の細菌を洗い落とせば、害をおよぼしかねない細菌が体内に入るチャンスを減らせる公算が高いということになる。

これは象牙の塔でなされた机上の空論ではない。CDCなどの組織の推計によれば、お粗末な手指衛生は食品経由で発生した病気の五〇％に関与し、石鹼で手を洗えば下痢性疾患を四〇％以上減らせた可能性があるという。その数字からあれこれ計算すると、いささか衝撃的な数字が導き出される――もっとよく手を洗えば、年間一〇〇万人の命を救えたかもしれないというのだ。[原注1]手洗いは命を救う。しかもそれは、脳外科手術のような難しいことではない。

とはいえ、手洗いが脳外科手術並みのものだったなら、手指衛生はおそろしく細かくなり、短いトイレ休憩や鶏肉の調理セッションのあとにほとんどの人がどうにかこなせる範囲を大きく逸脱していただろう。外科医が徹底的に手を洗うところを見ると、手指衛生がそもそもなんのためにあるかがよくわかる。手の表面全体、指の一本一本、手首周辺を丹念に洗い、手のひらと甲だけでなく、指のまたの部分にもしっかり注意を払う。まさに水と石鹸と手が織りなす本気のバレエだ。わたしが推測するに、これまでに一度でも自分の手を「適切に」洗ったことのある人はごくわずかで、定期的に適切に洗っている人となるとほとんどいないのではないだろうか。事実、これはたんなる推測ではない。

手指衛生、正確にはその欠如にかんして、わたしが科学フェスティバルでよく披露していたちょっとしたデモンストレーションがある。まず、無色だが紫外線をあてると不気味に光るジェルを志願者の手に塗る。[原注2] ジェルを塗ったあと、それを洗い落とすよう指示する。そうしたら、洗った手を小さな箱に入れてもらう。すると案の定、ジェルが残っているあらゆる場所に光を放つ斑点が現れる。これはパーティーにぴったりのトリックだし、手洗いが効果のないものになりがちであることを示すには絶好のデモンストレーションだが、科学的とは言えず、細菌汚染を測定しているわけでもない。そうするためには、もっと規模の大きなアプローチといくらかの昔ながらの観察（これは公衆トイレでは法的に問題になることもある）、そして洗った手と洗っていない手の細菌培養が必要になる。

手の洗い方

われわれ大衆の手指衛生をこきおろすまえに、適切なテクニックを知っておく価値はあるだろう。これは英国国民保健サービスと提携した手指衛生キャンペーン「手を洗おう」が提供したものだ。[原注3] 掛け値なしに役立つ情報であるだけでなく、適切な手洗いの鍵となる要素——水、石鹸、こする、洗い流す、乾燥、時間……——の手引きにもなる。

●水で手を濡らす。
●じゅうぶんな量の石鹸またはハンドウォッシュをつけて手の表面全体を泡で覆い、次の順番でこすり洗いする。
○手のひらと手のひらをあわせてこする。
○右手のひらを左手の甲にのせ、指を組みあわせてこする。逆の手も同じようにする。
○両手の指を組みあわせ、手のひらと手のひらをあわせてこする。

○両手の指を組みあわせ、指の背を反対の手のひらでこする。
○左手の親指を右手のひらで包み、回転させるようにこする。逆の手も同じようにする。
○右手の指を丸め、円を描くように動かして左手のひらをこする。逆の手も同じようにする。
●手を水ですすぐ。
●タオルでよく拭く。
手順の所要時間――最低一五秒。

握手をするなら女性とするほうがいい理由

さいわい、手洗いに注目した科学研究はたくさんある。その多くは、第二章の洗浄にかんする研究でもそうだったように、至極もっともな理由から、病院における手指衛生を取り扱っている。そのほか、さまざまな手洗い用品の効果にかんする研究もある。それ以外の研究は、世間一般における手洗いの習慣を検証したものが多い。そこから得られた事実と数字はどちらもわたしのおおまかな観察を裏づけており、おかげでわたしは握手をためらう気持ちになっている。

そうした研究の全体的な知見によれば、わたしたちは実際のところ、手洗いをひどく苦手としているが、それについてうそをつくことにかけてはおそろしく長けているようである。たとえば、米国で最近実施された調査では、調査対象者の九四〜九六%がトイレに行ったあとはいつも手を洗うと回答したが、この数字は自己申告にもとづいている。対象者のようすをじかに観察する研究では、手洗いの水準はそれよりもはるかに低くなる傾向がある。二〇〇三年のある研究では、公衆トイレを使ったあとに実際に手を洗っていたのは、女性では六一%、男性では三七%にとどまった。[原注4] ここで少し、この数字についてしばらく考えてみよう。トイレのあとに手を洗う男性は一〇人に四人よりも少ない。女性のほうが多少ましであるのはたしかだが、それでもやはり名誉ある数字とは言えない。

別の研究はもう少し心強く、九〇%が手を洗うという結果が出ているが、石鹸を使う人は六七%にすぎず、残りはよくある「濡らして振る」方式をとっていた。手洗いに費やす時間も安心とはほど遠く、同じ研究では、九秒以上洗う人はわずか三〇%しかおらず、七〇%は八秒以下だった(これには、わざわざ手洗いなんかに時間を費やさない一〇%の人も含まれる)。[原注5] この数字の何にがっかりするかと言えば、わたしたちが正直者ならそうなるであろう結果を正確に表していることだ。自分の手洗いを思い返したり、ほかのだれかが手を洗っているところを眺めたりすれば、四〜五秒でだいたいあっていると感じるのではないだろうか。

男性の手洗いの時間は女性よりもやや短いが(といっても、ほんの〇・八秒)、男性では「わざわざしない」群の比率がやけに大きく、一五％がまったく手を洗わず、三五％は「濡らして振るだけ」方式だった。石鹸と水で洗う人は半分をわずかに超える（本当にわずかで、五〇・三％）程度だ。女性はそれよりもはるかにましで、手を洗わない人は七％しかおらず、石鹸と水を使う人は七八％だった。[原注6]

しかし、一五秒よりも長く手を洗う人は五％にすぎず、それでもまだ、米CDCやカナダとニュージーランドの健康顧問や世界保健機関（WHO）[用語集]が推奨している二〇秒より五秒も短い。この推奨時間を裏づける科学的根拠をつきとめるのは難しい。さまざまな手洗い時間の健康上の影響を検証した研究はほとんどないし、手洗いの継続時間を調べた研究でも、注目されているのは微生物の総量であり、害をおよぼしうる細菌の量ではない。しかも、影響を与える因子になりそうなものは、手の大きさ、便の量、手の最近の履歴（たとえば、調理をしたのか、尻を拭いたのか、おむつを替えたのか）など、たくさんある。とはいえ、もろもろのデータを考えあわせると、長ければ長いほどよく、一五〜三〇秒が妥当な時間と言えそうだ。[原注7]全体としては、あなたが出会う人のうち、多少なりとも効果的な方法で手を洗っているのはせいぜい二〇人に一人にすぎないと言っても差しつかえない。もっと悲観的に、だがおそらくはもっと現実的に解釈すれば、効果的な細菌除去という点からすると、手を洗っていると言える人はひとりもいないということになるだろう。

興味深いことに、手洗いをする確率は、そうしろと告げる掲示の存在に影響を受ける可能性があるが、それはかならずしも望ましい影響ではないかもしれない。少なくともひとつの研究によれば、女性はそうした掲示に動かされる確率が男性よりもはるかに高いようだ。手を洗えと告げる掲示があると、手を洗う女性の割合は六一％から九七％にはねあがるが、男性はなんと三七％から三五％に低下する。[原注8] 別の研究では違う数字が出ているが、そこから現れるパターンは同じである――好きなようにやらせたら、わたしたちはしっかりと、もしくはしかるべき長さで手を洗わない。そして、男性はどうしようもない。

手を洗わないほうがまし？

どんな手洗いでも同じように効果があるわけではない。便通のあとの一連の儀式をつうじて蛇口の下でさっと手を濡らして水を振り払うだけでは、濡らす、石鹸をつける、こする、すすぐという適切な手順のかわりにはならない。また、細菌は湿った表面を好み、濡れた手だと行き来しやすくなるので、しっかり乾かすことも大切である。こうしたことはどれも至極単純で、アドバイスに従うのも、少なくとも原理としては難しくない。問題が起きるのは、多種多様な手洗い製品、蛇口のタイプ、乾燥方法が話に加わってきたときだ。そうなると、手洗いが突如として

大仕事のようになり、そもそも手を洗わないほうがましなのではないかと思うケースさえある。

場所によっては、手を洗わないほうがいいと考えてしまうこともある。それはおそらく、水がきれいではないとか、蛇口が汚れていると疑われるせいだろう。この考え方に加え、事態をさらにややこしくしているのが、手を洗わなかったことに対する「罰」が「犯行」時からずいぶん経ったあとに訪れる事実である。細菌性胃腸炎はたいてい、感染してから症状が現れるまでに一日ほど（場合によってはさらに長く）かかり、そのあいだにたくさんの食べものが摂取される。汚染された食品とおなかの不調の関係は強烈でわかりやすいが、トイレでの糞便－手－口のルートや、キッチンでの汚染された食品－手－口のルートがそれに関与していないともかぎらない。これまでのところ、わたしが探したかぎりでは、手を洗わないのはよいことだと示唆する研究はひとつも見つかっていない。

水、石鹼、こすり洗い、すすぎ……

ここからは手指衛生を分析していくが、まずは、ほぼあらゆるものを洗うときに真っ先に思い浮かべるもの――水からはじめよう。効果的な手洗いにはきれいな流水が必要だと思うかもしれない。たしかに、それがあればよいとっかかりにはなるだろうが、研究では一貫して、絶対に必要というわけではないことが示されている。たとえば、パキスタンの都市部のスラム地区（水が糞便に汚染されている場所）で実施された研究では、一群の女性に石鹸、安全な水の容器、そのなかの水を滅菌する手段を提供し、別のグループの女性には石鹸だけを与えた。「石鹸だけ」のグループは、未処理の水を使って手を洗わざるをえない。研究チームは研究参加者のもとを予告なく訪ね、手を検査して糞便由来の細菌を調べた。その結果、ふたつのグループに有意な差はなく、どちらも石鹸をもらわなかった人と比べて細菌数が大きく減少した。つまり、たとえ汚い水であっても、石鹸を使っているかぎり、手指衛生という点では効果が得られるということだ。[原注9]

別の問題として、水は冷たいほうがいいのか、温かいほうがいいのか、それともぎりぎり我慢できるくらいの熱さがいいのかという疑問がある。汚れた手に湯と石鹸がふれる感触には非常に心強いものがあるが、どうやらこれはまったくの心理的現象のようだ。熱だけで細菌を殺すためには、あなたが心地よく手を洗える温度よりもはるかに熱くする必要がある。また、細菌をつかまえやすい油を皮膚から取り除くという点では温かい石鹸水のほうが効果が高いと見られているものの、多くの研究では、温かい湯や熱湯を使っても水より効果が上がるわけではないことが一貫して示されている。[原注10] さらに、水を温めて手を洗うのは純然たるエネルギーのむだづかいで、二酸化炭素排出量を増やすばかりか、自然に備わっている油分を除去して皮膚炎を助長する可能性さえある。効き目があるのは、水の温度よりも、むしろ石鹸の使用と徹底的に猛然とこする動作のほうだ。

「汚く」見える場所にいるときには、蛇口をひねるという要素も、手を洗うのを躊躇させる要因になる。乾いた「汚い」手で蛇口に触り、そのあとでまた濡れた「きれいな」手で触らなければいけない。しかも、あなた以前にみんなが同じことをしている。一見すると、完璧な細菌受け渡しステーションのように思える。実際、ＷＨＯなどの機関は、蛇口を扱う際にはタオル（たぶんきれいなタオルだと思う）を使うことを医療従事者に推奨している。だが興味深いことに、蛇口が二次汚染の源になるか否かにかんするデータは見つからなかった。そのため、たしかな情報にもとづいて判断するのは難しい。だいたいいつでも用心深いＣＤＣも同意見で、蛇口をひねるのにペーパータオルをむだにする人たちにちょっとした説教までしている。[原注11] ペーパータオルを使って蛇口から手を守れば細菌の移動は減らせるだろうが、そうした細菌の移動が本当に危険かどうかは明白とはほど遠い。使うか使わないかの選択は、つきつめれば、立証されていないタオル使用の効果よりもペーパータオルの環境負荷のほうが重大だと考えるか否かに行きつく。個人的には、わたしは蛇口をひねるのにペーパータオルを使わないが、白状すると、それはそもそも手を洗わないからだったりする……。

きれいな水道水で手を濡らしたと仮定しよう。次のステップでは、泡が活躍する。泡は石鹸を想定しているが、ほかの手洗い用品についてもこのあとすぐに検証する。たしかに、水だけを使った手洗いでも、しっかりこすり洗いすれば、何もしないよりはいい。ある研究では、有志の研究参加者に公共スペースのドアノブや手すりに触れてもらってから、参加者を三つのグループのいずれかに振りわけた。手を洗わないグループ、水だけで洗うグループ、そして普通の石鹸で洗うグループだ。手を洗わないグループでは、もっとも多い四四％の人の手に糞便由来の細菌がいたが、水だけを使ったグループでは、同様に汚染されていた人は二三％にとどまり、石鹸と水のグループでは八％に減少した。[原注12]石鹸にこれほどの効果がある理由には、ちょっとした基礎化学が絡んでいる。

石鹸の分子は、物理化学者が「極」性分子と呼ぶものだ。これは北極・南極みたいにすごく寒いというわけではなく、小さな電荷を帯びていることを意味する。石鹸の場合、はっきり異なるふたつの「部分」があり、これはよく頭部と尾部と呼ばれる。分子のオタマジャクシみたいなものと想像してほしい。頭部は炭素原子、水素原子、酸素原子の集まりで、化学者がカルボキシル基と呼ぶ特定の配置をとっている。この頭部は負の電荷を帯びている。

頭部が負の電荷を帯びているのはなぜかと言えば、わたしたちがフライドポテトに振りかけるもの（塩化ナトリウム）と同じく、石鹸も実際には塩であるからだ。化学的には、これは（石鹸の場合）金属原子（たいていはカリウムかナトリウム）と脂肪酸の組みあわせを意味する。カリウムやナトリウムは水を加えると頭部から離れて漂う。そして、カリウムとナトリウムは正の電荷を帯びているため、残された頭部は負の電荷になるというわけだ。石鹸のオタマジャクシの尾部は炭素原子がつながりあった長い鎖で、水素原子が側面に沿ってつきだしている。石鹸分子――さらに言えば、それと似ていなくもない、細胞膜を形成する分子も同じ――のかなめは、頭部が水を好み（親水性）、尾部が水を嫌う（疎水性）ことにある。

石鹸分子を水に入れると、親水性の頭部が水と作用するいっぽうで、疎水性の尾部は水から逃げる。その結果、ミセルと呼ばれる小さな石鹸の球体が自然に形成される。水を嫌う尾部が中央に集まり、三次元の車輪のスポークのようになった球体だ。油脂を形成する分子はミセルのスポークと同じく疎水性なので、水だけでは油脂を追い散らすことはできない。だが石鹸を加えれば、ミセルが油脂（と油脂にとらわれているほかのあらゆるもの）を囲いこみ、水と混ざるように、ひいてはシンクへ流し落とせるようにしてくれる。つまり、ごく普通の石鹸は細菌を殺すわけではないが、わたしたちの皮膚上の油脂にくっついた細菌のバイオフィルムや細菌細胞を取り除くのを助けてくれるというわけだ。

この石鹸の分子的作用は、こするという物理的作用によって大きく高められる。これは皮膚にくっついた物質を取り除くのに役立つだけでなく、手の全体に石鹸を広げ、細菌が栄えているかもしれないすみのほうまで行きわたらせる効果もある。こすったあとは手をすすぎ、こすり洗いの物理的作用と石鹸の化学的作用のおかげで皮膚から浮きあがった汚れや油脂、そして細菌を洗い落とす必要がある。これには流水が最適で、常温の水以外のものを使うべき理由はなく、した

がってエネルギーも節約できる。いいことずくめだ。

……そして乾かす

最後に、手を乾かさないといけない。手が濡れていると、細菌の移動がずっと簡単になるからだ。さて、手指衛生というトピック全体からすると、手を乾かす部分はたいして物議を醸さないだろうとあなたは思っているかもしれないが、とんでもない。手の乾かし方をめぐるあれこれは数百万ポンド規模の産業であり、面食らうほど多様な製品の選択肢と下すべき倫理的決断がひしめいている。使い捨てのペーパータオルか、繰り返し使える布タオルか？　それとも、空気で乾かす電動ハンドドライヤーの道を選び、ハンドタオルを節約する？　そして電動でいくのなら、熱い空気と、ジェットみたいに噴出する冷たい空気のどちらを選ぶ？

各種の手の乾かし方の効果にかんする証拠はそれぞれがおそろしく相反しており、特定の手法がほかよりもよいか悪いかを決める生物学、環境、経済面の因子が無数に存在する。議論の余地のない明らかな結論は、手を乾かすのは「よいことである」くらいだが、手指衛生における手の乾燥の役割については、石鹸の使用などのほかの側面と同程度の関心を集めているとは言えない。とはいえ、世に出ている論文を調べた二〇一二年発表の系統的レビューでは、手の乾かし方の効果に影響する多くの因子が検証されている。このレビューでは、乾燥効率、細菌除去、二次汚染の可能性という観点から手の乾かし方が考察された。

乾燥効率は、一定水準の乾燥度に達するまでの所要時間として測定された。この方針がとられたのは、どんな方法でも、じゅうぶんな時間をかければいずれは完全に乾燥するからだ。実際、湿度一〇〇％の環境にいるのでないかぎり、あなたの手はそのうち蒸発によって自然に乾くが、わたしたちはだいたいにおいて、周囲環境の物理的現象で得られるものよりもそこそこ迅速な方法を求めている。よく使われる手法は、水を吸収する（布やペーパータオル）か、蒸発を加速させるようにはたらきかけるか、そのどちらかだ。後者については、熱を追加する場合と、ファンで水蒸気を除去する場合がある。もしくは、多くのいわゆるジェットドライヤーのように、人間の可聴範囲における高周波数域の大部分もろとも水蒸気を消し去るケースもある。

どの方法がもっとも効果的かを示す証拠は、わりと明快である。布タオルの場合、乾燥目標に達していない部分の割合が一〇秒で四％、一五秒で一％まで減少する。温風ドライヤーでは、三％まで減少する（お好みなら、九七％の乾燥を達成すると言ってもいい）のに四五秒ほどかかる。ただし別の研究では、ジェットドライヤーは一〇秒で九〇％の乾燥を達成し、同じ研究におけるペーパータオルの成績と差がなかった。したがって、速く効果的に乾かすことにかけては布タオルかペーパータオルが優秀であり、ジェットドライヤーもそれほどおくれをとらず、昔ながらの温風ドライヤーはみんながとっくに帰宅してからようやく息も絶え絶えにゴールラインをまたぐ、といったところだ。タオルメソッドを支持するさらなる根拠として、人は公衆トイレで手の乾燥にとりたてて長い時間をかけたがらないという事実がある。ある研究では、自然な使用環境において温風ドライヤーにより達成できるのは、男性で乾燥目標の五五％、女性で六八％となり、ここでもやはり女性のほうが手指衛生にかんする忍耐強さを見せた。布タオルとペーパータオルは、同じ使用環境で男女どちらも九〇％以上の乾燥を達成した。この結果はタオルメソッドの優秀さを示すとともに、男性は手を乾かす能力に劣るが、生活のほかの面と同様、さっさと仕事を片づけたがることをあらわにしている。[原注13]

手の乾燥のなかでも興味深い点が、細菌除去という側面である。なにしろ、手を乾かすという行為が細菌を上乗せしてしまわないともかぎらない。細菌の追加は、手を拭く際に使ったものに起因することもあれば、電動ドライヤー装置そのものから生じる可能性もある。この点でもまた、証拠の天秤は、皮膚との摩擦が細菌除去に貢献するペーパータオルのほうに傾いている。いくつかの研究では、温風ドライヤーが皮膚に細菌を追加する可能性が示されているが、それが厳密にはどのように起きるのかについては意見が割れている。装置そのものからの汚染かもしれないし、このあとすぐに見ていくように、送風により生じる細菌の循環とも考えられる。じつを言うと、皮膚から細菌を除去するうえでの摩擦の役割もあまり研究されていないのだが、おおまかな結論としては、少なくとも現時点で最新のレビューからすれば、ペーパータオルで拭くのが手から細菌を除去するための最善策のようである。[原注14]

最後にもうひとつ。すでに見てきたように、便器発の細菌エアロゾルはトイレ全体に細菌を広げることがあり、ハンドドライヤーが生む空気循環も同じはたらきをする可能性がある。案の定、いくつかの研究では、ハンドドライヤーが実際に一メートル（温風）から「少なくとも二メートル」（ジェット）の範囲で細菌を拡散する可能性があり、対するペーパータオルは無視できる程度の汚染しか生まないことが明らかになっている。ただし、そろそろあなたも予想できるようになっているかもしれないが、人生がそれほど単純であることはめったになく、ご想像のとおり、ハンドドライヤーでは測定可能なほどの汚染の増加は生じないという結果が出た研究もある。

結論をまとめると、衛生という観点から最善なのはペーパータオルであり、衛生に注意を要する病院などの場所ではそれが推奨されている。ただし、ハンドドライヤーも研究結果としてはそれほど悪くない。注意すべき重要な点は、ほかの膨大な数の衛生関連研究と同様、手指衛生の研究でも、健康の向上もしくは悪化とのあいだになんらかの実際の結びつきがあると立証した（もしくは、研究手法からすれば、そもそも立証が可能だった）ものはひとつもないことである。つまり、この話の大半に本当に意味があるのかどうか、たしかなところはわからないというわけだ。手には感染力のある細菌がおり、場合によってはわたしたちが感染することはたしかにわかっている。だが、ペーパータオルか温風ドライヤーか、あるいは乾かす時間が一五秒か二〇秒かで健康に現実的な差が生じるのか否かについては、満足のいく答えはない。要は、しっかりした証拠がないのだ。とはいえ、それを理由に手洗いから逃げてもよいと言うつもりはないし、たぶん、もう少しだけ時間をかけてもいいかもしれない。

「抗菌剤」の増加

手指衛生の話を終えるまえに、あともうひとつだけ、考えておくべき大きな問題がある。これまでの話では、そもそも手を洗うのなら、その場合は普通の石鹸と水を使うという前提に立ってきた。だが、いつもそうとはかぎらない。最近では、それ以外のふたつの手指衛生用品が増加し、ただでさえ証拠が混乱しているトピックをいっそうややこしくしている。そのふたつとは、アルコールベースの手指用消毒液と、「抗微生物」や「抗細菌」――忙しい現代社会では「細」と言うのさえ時間のむだだと思うのなら「抗菌」――製品として開発され、販売されている石鹸である。

同じように、キッチン向けとして宣伝されている抗菌製品もあふれんばかりに供給されている。その代表格が抗菌まな板だ。実際、インターネットをざっと見てまわるだけでも、抗菌加工できるものならほぼなんでも抗菌加工されており、いまやマウスボタンのある人ならだれでも買えるようになっていることがわかる。世間にはさまざまな抗菌技術が過剰なほど存在し、その多くについては詳細を入手するのは難しいが、銀を使っているものもあれば（とくに布製品）、細菌増殖を抑える特定の化学物質を使っているものもある。仕組みはどうあれ、少なくとも一部の細菌をあるていど減らす可能性はありそうだ。言うまでもなく、そうした製品の使用が健康になんらかの影響をおよぼすことを示す証拠はどんなものであれ存在しないが、その可能性はありそうに思える。ただし、忘れてはいけない。ぴかぴかの新しい「抗菌」まな板を買ったばかりだとしても、生の鶏肉を切ったあとに同じまな板で野菜サラダをささっとつくったりするべきではない。そうした製品に、たとえわずかだとしても健康上の効果があるにちがいないと言いたくなるのはわかるが、基本的な衛生にかんする油断を生み、その結果、悪影響をおよぼすことがあってもまったくおかしくない。

数年前まで、わたしたちの手につくアルコールといえばこぼれた酒にかぎられていたが、いまやアルコールジェルなどの手指の「消毒」用品はごくありふれたものになり、チョコレートやチューインガムと並んでレジ横にちょくちょく登場するほどだ。アルコールはエタノールの同義語になっており、変性アルコール（メタノールと呼ばれる別のアルコールを混ぜたもの）〔おもに工業用アルコールなどで飲用に適さないようにするためにメタノールが加えられる――訳注〕の愛飲者でないかぎり、エタノールはわたしたちを酔わせる物質でもある。だが化学的に言えば、アルコールとは、炭素と水素と酸素を含み、そのうちの酸素原子と水素原子それぞれひとつずつが特定のかたちで結合した分子を指す。この酸素と水素（ヒドロキシ基）が、アルコールに多くの化学的特性を与えている。

多くのアルコールは一部の細菌を殺すことにかけてはきわめて有能で、細菌の細胞膜を溶かし、細胞がきちんとはたらくために欠かせないタンパク質を破壊する。簡単かつ便利に手に塗ることができ、そのあとで乾かす必要もないジェルにエタノールやイソプロパノールなどのアルコールの殺菌能力を導入すれば、手指衛生の完璧な解決策になるように思える。

アルコール濃度六〇％以上の殺菌液（ほとんどはだいたい六二％以上で売られている）が手の細菌を効果的に殺すことは疑いようがない。アルコール度数がワインの五倍くらいあるそうしたエタノールベースの製品は、わたしたちを酔わせることにかけても有能だと思われるが、ほかの物質がたくさん入っているおかげで、たいていの人にとっては魅力に欠ける。にもかかわらず、ときに摂取され、酩酊に至ることがある。そうした事例のひとつから、わたしが史上最高レベルで気に入っている見出しが生まれた――「受刑者、豚インフル対策ジェルに酔いしれる」[原注15]

多くの研究（大部分は医療現場でおこなわれたもの）では、アルコール消毒液が手の細菌量を減らすだけでなく、少なからぬ事例で石鹸と水の過度な使用にともなう皮膚の乾燥と炎症も軽減することが示されている。[原注16] もちろん、矛盾にことかかない手指衛生研究の世界には、アルコールの手指用消毒液が皮膚の炎症を引き起こしうる証拠も存在するが、これは各種の添加物により軽減可能であり、医療における手指衛生の重要性を考えれば、さらなる改良がなされることはまちがいないだろう。

アルコールには効果がある。だからこそ、病院のいたるところに手指消毒ジェルステーションが設置され、その使用をあらゆる人に要請（そして一部のケースではほとんど命令）する掲示が添えられているのだ。石鹸と水にも効果はあり、一部の細菌に対しては石鹸と水のほうが有効であるものの、アルコールはたしかに効く。石鹸と水と同じく、アルコールジェルがきちんとはたらくためには、適量かつじゅうぶんな長さできちんと塗付する必要がある。さらに、手がひどく汚れている場合は、本来の効果が得られないかもしれない。というのも、土、汚れ、油脂の除去という点では、手指用消毒剤は石鹸ほどよくはたらかないからだ。この点でもやはり、しじゅう手を洗っていなければいけないのでないかぎり（そしてそういう人はそうそういない）、石鹸と水が必勝の組みあわせのようであると結論づけざるをえない。[原注17]

アルコールベースではない消毒用ジェルの研究もあり、いくつかは学校で実施されている。学校というところは、もっともな話だが、完全にはかたまっていないゼリーの姿をした大量のアルコールの存在が好ましいとは見なされない場所だ。そうした製品には、塩化ベンザルコニウム（食品業界で抗微生物剤として広く使われている）などのさまざまな抗菌物質が含まれている。興味深いことに、観察された細菌量と測定可能な健康上の利点との関連を示す証拠の欠如に悩まされている研究の世界にあって、少なくともひとつの研究では、こうした手指用消毒剤の使用により学校の欠席日数が減少する可能性が示唆されている。とはいえ、この種の研究では、対照群の設置が倫理的に難しいという障壁がつねにあり、整然とした実験設計を邪魔する複雑な日々の生活にともなう多くの因子を考慮に入れるのも困難だ。したがって、そうした結果を解釈する際には注意する必要がある。[原注18]だが、これについても、わたしが調べたかぎりでは、手指衛生は悪いことだと主張する研究はいっさい見つからなかった。

トリクロサン

手指衛生にかんして、ひょっとしたら「悪いこと」かもしれない側面がひとつだけある。その理由を説明するためには、非アルコールの手指用抗菌剤、抗菌石鹼、抗菌ハンドウォッシュで広く使われていたある物質について考えなければならない――**トリクロサン**用語集という物質である。視覚的にどことなく楽しい構造をもつトリクロサン分子は、六つの炭素原子からなる六角形の環ふたつがひとつの架橋酸素原子によって結びついた形状をとり、一方の環には塩素原子ふたつと水素原子がいくつか、もう一方には塩素原子ひとつとヒドロキシ基がくっついている。トリクロサンは分子としてはいろいろな面があるが、その原子配置の対称性と複雑さゆえに殺菌特性をもつと主張する人もいる。

低濃度のトリクロサンには静菌作用がある。これはつまり、細菌を殺すほどの力はないが、増殖を抑えることはできるという意味だ。濃度が高くなると細菌を殺せるようになり、実際に多くを殺すが、すべての細菌というわけではない。トリクロサンの抗菌作用は、細胞膜の維持と構築に欠かせない酵素と結合することから生じる。トリクロサンと結合すると、その酵素はもはや機能しなくなる。その結果、細胞膜が不安定になり、新たな細胞膜も形成できなくなる。

トリクロサンは一九七〇年代をつうじて病院で使われていたが、その後、抗菌石鹼、ハンドウオッシュ、手指用殺菌ジェル、練り歯みがき、シャンプー、シャワージェル、キッチン用品、寝具、ごみ袋といった具合に、細菌のことを心配する人に売りつけられるほぼあらゆるものに広く添加されるようになった。世界中の病院でも、メチシリン耐性黄色ブドウ球菌（MRSA[用語集]）などのやっかいな細菌を排除するために、医療用品やボディソープに使われていた。家庭での対策なら、すでに見てきたように、昔ながらの石鹸と水、場合によっては少しの漂白剤、そしていくらかの良識的な家庭管理があればたいていはじゅうぶんすぎるほどであり、トリクロサンの広範な使用はやりすぎのように思える。それどころか、病院でもやりすぎかもしれない。トリクロサンのハンドウォッシュにしても石鹸にしても、石鹸と水に比べて多少なりとも効果があるのか否かを示した研究結果は、ご想像のとおり、明白とはほど遠い。実際、米FDAはトリクロサンの規制に向けた調査を進めており、「通常の石鹸と水による手洗いに比べ、抗菌石鹸およびボディウォッシュに含まれるトリクロサンになんらかの効果があるとする証拠はない」と述べている[原注19]〔FDAは二〇一六年、トリク

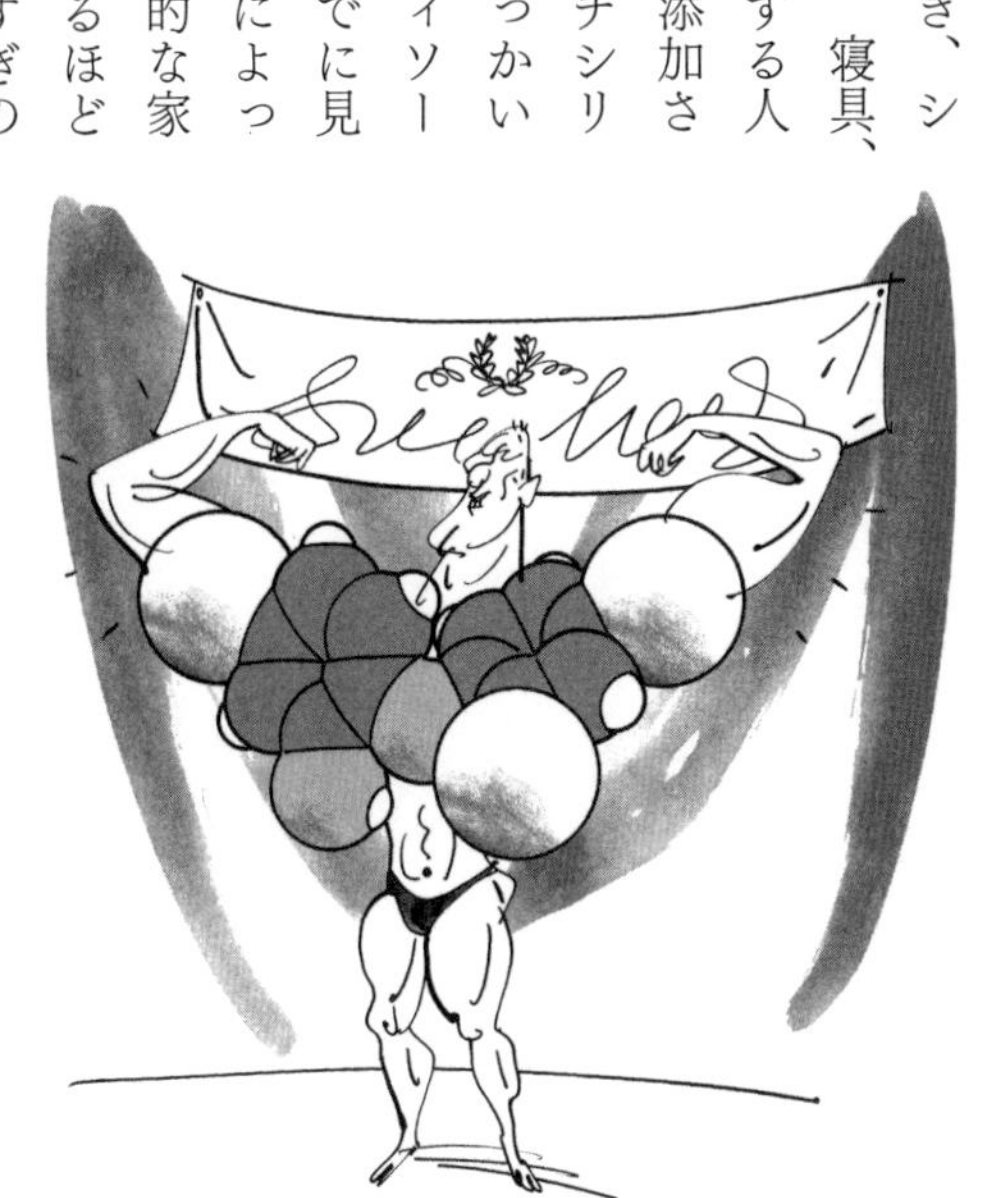

ロサンを含む抗菌石鹸の販売を一年以内に停止する決定を下した――訳注〕。ミネソタ州はさらに一歩踏みこみ、ほとんどの一般向け小売衛生用品におけるトリクロサンの使用を二〇一七年から禁止すると決定した。欧州連合（EU）は食品と接触する製品におけるトリクロサンの使用を二〇一〇年から禁じており、二〇一四年には、殺菌剤と多くの布製品での使用禁止も可決した。[原注20] それ以外の機関や国（カナダなど）もあとに続きそうである。

いったいなぜ、この魅力的かつ効果的な分子が責められているのだろうか？　第一の問題は、FDAが指摘しているように、どのような用途であれ、説得力のある証拠が存在しないことにある。これは、効き目がないと言っているわけではない。トリクロサンが細菌を殺すのはまちがいのない事実だが、あらゆる表面や布地をトリクロサンでコーティングしたり、練り歯みがきやシャワージェルなどの無数の製品にぶちこんだりしたからといって、かならずしも公衆衛生の向上につながるわけではなく、その点については証拠を欠いている。もうひとつの問題は、そうしたすべてのトリクロサンが最終的に環境に行きつき、文字どおり数えきれないほどこの世に存在する、わたしたちになんの害もおよぼさないか、一部のケースではよい影響をもたらす細菌にちょっかいを出すことだ。水質汚染は、たんに魚を殺すだけではない。細菌は広い生態系にとって掛け値なしに重要な存在だし、人間における利点がほとんど、もしくはまったく証明されていない有害な化学物質を大量にたれ流すのはあまりに前世紀的だ。そして最後に、トリクロサンは、ある生物学的現象にかかわっている。至極もっともな理由から、ニュースで見ない日はほとんどない生物

学的現象——細菌の薬剤耐性である。[原注21]

第五章

耐性はむだではない

この章では、進化の美しき必然、ひたすら増える抗生物質耐性菌、細菌の「秘めごと」、ナノ爆薬を使ったバッキーボムについて考える。

細菌性胃腸炎になるのを防ぎたいのなら、たしかにごく基本的な食品や全般的な衛生のルールに従えばいいのだが、では、問題の根源と闘うというのはどうだろう？　わたしたちが食べる動物の体内にいる病原性細菌を全滅させればいいのでは？　そうした細菌が動物の腸内にいなければ、糞に入ることもないし、わたしたちが摂取することもありえない。もっと言えば、定期的な手洗いや掃除とあわせてトリクロサンのような物質を使い、家庭内から細菌を一掃してしまえばいいではないか。

家屋内環境におけるそうした無差別的なアプローチは、わたしたちがこれまで〔少なくとも社会全体として〕試みてきたこととそれほどかけはなれていない。漂白剤は細菌に対してすこぶる効き目があり、いまも使われているが、それに加えて、目もくらむほど、はっきり言えば混乱するほど種々雑多な飾りたてられた洗浄用品が登場している。細菌の破滅を約束しつつ、その微生物の大量殺戮に繊細な花のほのかな香りを添えるたぐいの製品だ。シンク下の戸棚から離れたところでも、靴下には銀、ごみ袋にはトリクロサン、まな板には〈マイクロバン〉〔マイクロバン・インターナショナル社が開発した抗菌技術――訳注〕、といった具合である。家庭内では、わたしたちは細菌を根絶するために最善を尽くしてきたと言っても過言ではない。興味深いことに、その努力の大部分は

「消費者的アプローチ」に特化しているように見える。つまり、細菌の大群からわたしたちを救ってくれる新製品はないかと期待に胸を膨らませて店へ出かけるいっぽうで、適切なやり方での手洗いはほとんど重視せず、そんなことはわざわざしなくてもいいと見なすようなアプローチだ。手間と時間を省くチャンスはないかと絶えず目を光らせているわたしたちは、魔法の分子が忌まわしいちっちゃなリステリア菌をやっつけてくれるというのに、まだわざわざまな板を洗っている愚か者を見てばかにする。にもかかわらず、細菌は依然としてあらゆるところで見つかる。

　家の外では、この「根から断つ」アプローチは、一部のケースでたしかに大きな成功を収めてきた。第三章で見たように、一九九八年以降、イギリスのスーパーマーケットはサルモネラ菌ワクチンを接種した雌鶏の卵だけを仕入れるようになり、この介入により、卵と鶏肉そのものに起因するサルモネラ症の有病割合は大きく低下した。[原注1]このケースではワクチン接種が功を奏した。その点については、鶏肉と卵どちらの消費者も感謝すべきだろう。

　では、なぜカンピロバクターのワクチン接種プログラムはないのか？　なにしろ、カンピロバクターは先進国における細菌性胃腸炎の最大の原因であり、鶏肉はその最大の源ではないか。ニワトリのカンピロバクターをやっつけられれば、その恩恵はとてつもなく大きいだろう。たしかに研究は進められているが、いついかなるときも効くワクチンを実現するのは難しい仕事だ。また、そうしたワクチンを開発したら、次は広範な試験をする必要があるし、その後は食物連鎖に入ることになるため、状況はいっそう複雑になる。現時点では、研究論文は「すぐれた候補」や

「有望な開発」であふれているが、まだ目的地にはたどりついていない。[原注2]

残酷な世界から生まれるもの、それは……抗生物質！

ワクチン接種は動物の細菌量を減らすひとつの手段だが、別の方法として、**抗生物質**[用語集]の投与がある。抗生物質は基本的には微生物（細菌または真菌）がつくるあらゆる物質を指し、別の微生物を殺したり増殖を阻害したりする。微生物の世界はそうした物質で満ちている。なぜなら、マイクロスケールのその世界は、細菌が細菌を食べる残酷な世界であるからだ。

新たな生態学的機会を与えられた細菌にとって、進化という点で最善の道は、すばやく分裂し、できるかぎり多くの空間を植民地化、つまり占領することだ。好機を逸するな、太陽が照っているうちに干し草をつくれ、というわけである。ただし、ここで言う干し草とはもっと多くの細菌細胞、太陽とはなんであれ食べものになりそうなものが継続して存在する状態を意味する。

新しい食物源を見つけた細菌は分裂をはじめ、ひとつの細胞がふたつの新しい「娘」細胞をつくる。その娘細胞のひとつひとつがまた分裂し、細菌の個体数は指数関数的に、そして多くの場合は急速に増えていく。理想的な条件下なら、大腸菌は二〇分に一回のペースで分裂でき、ほかの多くの細胞もそれほどおくれをとらない。空間の植民地化にもっとも成功した細菌は、もっとも数が多くなり、新たな資源へと移動できる確率ももっとも高くなる。胞子をつくって移動する

（それができる細菌種の場合）こともあれば、ほかの伝播ルートを使うこともある。たとえば、わたしたちのような動物を植民地化するほどおびただしい数になり、わたしたちの便やそのほかの副生成物にのって拡散することもある。分裂（ディバイド）して征服する。まさに分割（ディバイド）統治だ。もっとも、マケドニア王フィリッポス二世〔アレクサンドロス大王の父にあたる紀元前四世紀のマケドニア王——訳注〕が意図したような意味ではないが。

ほかの細菌が同じことを考える（なにしろ、率直に言って、よい考えなので）のを妨げるために、化学闘争が進化した。競争相手の増殖を妨害する化学物質をつくれる細菌は繁栄し、そうなると、ほかの細菌は王朝を興せない。細菌や真菌などの微生物が別の微生物を殺すために自然に進化させた化学物質は、わたしたちが細菌（病気を引き起こすものも含め）を殺す目的でも使える可能性がある。かくして、人間も抗生物質の世界に参入したというわけだ。

すでに使われているそうした化合物はそこそこ種類があるが、それでもたぶん、わたしたちはペトリ皿薬局の表面をひっかいているだけにすぎないだろう。というのも、ほとんどの細菌は培養されたためしがなく、抗生物質の潜在性を調べられたことのある細菌となると言うまでもないからだ。広域性（幅広い標的に効く）、狭域性（特定のタイプだけに効く）、細胞壁を破壊するもの、膜を粉砕するもの、タンパク質合成の妨害工作班、酵素を阻害する特殊部隊。なんであれ、抗生物質は病原性細菌と闘うわたしたちにとってはかりしれないほど役に立つ。ここから先は抗生物質耐性と抗生物質の過剰処方の危険について考えていくが、読むにあたって心に留めておくべき重要な点は、これまでに抗生物質が数かぎりない人の命を救ってきたことだ。抗生物質は医療の進歩における すばらしい道具だが、あらゆる道具の例にもれず、誤用されたり、意図せぬ結果を招いたりすることもある。斧は木を切るには最高の道具だが、鉛筆を斧で削りはじめたりしたら、あなたはすぐに手袋をチャリティー・ショップに寄付するはめになるだろう。

合成化学の奇跡のおかげで、わたしたちは抗生物質を大規模生産できる。多くは経口投与が可能なので、大規模に摂取することもできる。そしてそれは、人間にかぎった話ではない。家畜にも抗生物質を投与することがあり、これには病気の症状がいっさい出ていない場合も含まれる。そうした予防投与は病気を防ぐためだけでなく、成長を促進し、ひいては利益を高める目的でもおこなわれる。もちろん、細菌感染の胃腸症状を示した場合にも投与される。倫理意識の高い農場でさえ、家畜はかなり密集した畜舎で飼われており、そうした場所では感染があっというまに広がるおそれがあるからだ。

予防投与が畜産農場でおこなわれているのはたしかだが、各国政府が一部の抗生物質について家畜での使用を禁じ、それ以外についても規制を厳格化して以来、この慣行は縮小されている。たとえばEUは二〇〇六年、その時点でまだ禁止されていなかったすべての抗生物質について、成長促進目的で家畜に使用することを禁止した。[原注3] 二〇一二年には、米FDAが人間の治療にも使われる一部の重要な抗生物質について、家畜の治療ではこれまでよりも「賢明に」使用するよう促した。獣医師、農業従事者、家畜生産者に向けたこの提言に強制力はないが、とりわけ抑止したがっているのが、抗生物質の「生産」目的での使用、つまり成長を促進するための使用だ。[原注4] なぜ、これほど恐慌をきたしているのか？　その理由をつきつめていくと、ニュースで見ない日はめったにないある問題に行きつく。それはずばり、抗生物質耐性である。

つねに一歩先を行く細菌

「進化は証明されていない」と宣う人と対峙した経験はあるだろうか？　もしあるなら、現代世界が抱える掛け値なしに「大きな」問題のひとつを教えてやってもよかったかもしれない。その問題とは、細菌の進化をつうじた抗生物質耐性の獲得である。これはあまりにも大きな問題で、二〇一四年夏に当時のイギリス首相だったデイヴィッド・キャメロンが、取り組まなければ世界は「医学の暗黒時代に逆戻り」するおそれがあると声明を出したほどだ。[原注5] これは政治的ポーズではないし（いや、政治的ポーズではあるが、たんなる政治的ポーズではない）、とりたてて比喩的でもなければ誇張されていたわけでもない。破滅の予感に満ちたキャメロン氏のこの警告は、同じ年の四月に公開された世界保健機関（ＷＨＯ）の報告書を受けたものだ。[原注6]

ＷＨＯはことあるごとに誇張法やキャッチフレーズを使いたがるわけではない。したがって、ＷＨＯが「ポスト抗生物質時代――よくある感染症や軽い負傷が人を殺しうる時代――は黙示録的なファンタジーなどではまったくなく、二一世紀におけるきわめて現実的な可能性である」と述べているときには、わたしたちも心配すべきであるように思う。抗生物質がなければ、わたしたちは病原性細菌に対してほとんど無防備で、以前だったらほぼまちがいなく生きていたであろう膨大な数の人が死ぬことになる。

抗生物質耐性――その現状

WHOの二〇一四年の報告書[原注7]の重要な知見をまとめておく（WHOは管理上の都合から加盟国を六つの地域にわけており、その区分は世界の大陸とおおむね同じだが、ぴったり一致しているわけではない）。

一般的に用いられる抗生物質への耐性をもつ細菌は、次の望ましくない細菌で五〇%を超える。

- ・大腸菌（毒性の株は尿路感染症、胃腸炎、血流感染を引き起こしうる）、WHOの六地域区分のうち五地域
- ・クレブシエラ・ニューモニエ（肺炎、血流感染、尿路感染症）、WHOの六地域すべて
- ・黄色ブドウ球菌（傷口感染、血流感染）、五地域

二五％を超えるのは、次のとおり。

・肺炎球菌（肺炎、髄膜炎、耳炎）、六地域
・非チフス性サルモネラ（食品由来の下痢、血流感染）、三地域
・赤痢菌（細菌性赤痢）、二地域
・淋菌（淋病）、三地域

医師まかせにはできない重大事

抗生物質耐性を医療の問題と考えるのはたやすいが、この問題は根本的にきわめて重大なので、医師まかせにしておくわけにはいかない。抗生物質耐性は生物学的かつ生態学的な問題であり、その核心にあるのは、近代生物学における究極の統一理論、すなわち自然選択による進化だ。

抗生物質耐性の仕組みを理解するにあたり、すっかり有名になった細菌を紹介しよう。黄色ブドウ球菌、もっと具体的に言えば、ＭＲＳＡ（メチシリン耐性黄色ブドウ球菌）として知られる株だ。Ｍ

RSA（ときどき、とりわけ米国では、マーサと発音されることもある）はメディアを席巻し、抗生物質耐性全般を指す実質的な通り名になっている。複雑な問題を表す名前にふさわしい科学的な響きがあるが、まずいのは、MRSAの「M」（methicillin、メチシリン）と「SA」（*Staphylococcus aureus*、黄色ブドウ球菌）が問題を実際よりもはるかに単純に見せてしまう点だ。この名前からは、わたしたちの闘う相手はひとつの抗生物質への耐性を獲得したひとつの細菌のような印象を受けるが、実際のところはまったくもってそうではない。WHOもこう明言している。

……一般的な細菌の耐性は世界の多くの地域で懸念すべき水準に達しており……一部の状況においては、一般的な感染症に効果がある利用可能な治療の選択肢が、まったくではないにしても、ごくわずかしか残されていない。

「懸念すべき」とも言えるが、ここは「おそるべき」と言ってもいいだろう。

この問題は、MRSAだけにはとうていとどまらない。とはいえ、この「スーパーバグ（超多剤耐性菌）」が病院にも新聞にも広く姿を現わしていることを踏まえれば、耐性がどうはたらくのか、どう進化したのか、どう広がるのかを知るうえで、MRSAはよい例になる。だが、ちょっとした進化学にのりだすまえに、黄色ブドウ球菌について、もう少しよく知っておいてもいいだろう。

黄色ブドウ球菌（スタフィロコッカス・アウレウス）は球菌の一種で、個々の細胞が寄り集まり、極小のブドウの房のようになっている。学名の最初の部分はこの形状が由来だ。スタフィル（*staphyle*）はギリシャ語でブドウの房を意味する。コッカスは粒を意味するギリシャ語のコッコス（*kokkos*）から来ている。このふたつの語を組みあわせてできたのが、スタフィロコッカスという属名だ。この細菌は、科学者がイタリック体の〔英語の文章やアルファベットでは学名は通常イタリックで表記される――訳注〕奇抜な生物名を「ラテン語」名ではなく学名と呼ぶ理由を示す好例でもある。学名の多くはギリシャ語や、人名や各種の語源の組みあわせをラテン語っぽくした偽のラテン語から来ている。属とは、近い関係にある種のグループを意味する。スタフィロコッカス・アウレウスをペトリ皿で培養すると、表面に黄色い細菌コロニーが広がる。そこからこの名がついたというわけだ。この色のおかげで、白いスタフィロコッカス・エピデルミディス（その白さから、当初は白を意味するS・アルブスとして知られていた。アルブメンが卵白を意味するのと同様だ）と区別できる。

スタフィロコッカス属には二〇を超える種があるが、人間と深いかかわりをもっているのは、S・アウレウス（黄色ブドウ球菌）とS・エピデルミディス（表皮ブドウ球菌）のふたつだけだ。ほかの細菌と同じく、多くの株が特定されており、そのうちのいくつかは、すでにご存じのように、一部の抗生物質に対する耐性を獲得している。表皮ブドウ球菌は、名前を見ればわかるかもしれないが、表皮、つまり皮膚に関係している。いっぽうの黄色ブドウ球菌は、おもに鼻腔を占領する。ただし、皮膚、口内、腸内でも見られることがある。

どちらの種も病原性（病気を引き起こす）だが、黄色ブドウ球菌感染のほうがよく発生し、理解も進んでいる。感染を示す特徴は膿だ。医学用語では化膿性感染症と呼ばれるが、どちらかといえば、にきび、おでき、ものもらい、膿瘍、カルブンケル（癰）、フルンケル（癤）のような昔ながらの立派な名前で知られている。そうした感染症は不快ではあるが、医学的には表面的なもの（浅在性）にすぎない。だが、黄色ブドウ球菌はときに、胃腸炎、命を奪いかねない毒素性ショック症候群、細菌性肺炎、敗血症（細菌感染により生じる全身性炎症）といったもっと深刻な問題を引き起こす。**院内感染**[用語集]の大きな原因でもある。手術創や体内に入る医療器具、たとえば血液吸引や薬剤投与の目的で静脈に入れるカニューレなどが感染の場になることが多い。血液系に入る器具に乗じて、黄色ブドウ球菌が心臓に到達するおそれもある。そうなると、感染性心内膜炎、つまり心臓内（重要きわまりない心臓弁を含む）の炎症につながりかねない。黄色ブドウ球菌は、それ以外では心臓に問題のない人が感染性心内膜炎にかかる最大の原因であり、カニューレなどの医療介入器具はその主たる共犯である。病院が手指衛生にあれほど必死になるのは、黄色ブドウ球菌感染にこうした命にかかわる側面があるからなのだ。[原注8]

黄色ブドウ球菌感染から生じうるおそろしい結果を考えれば、

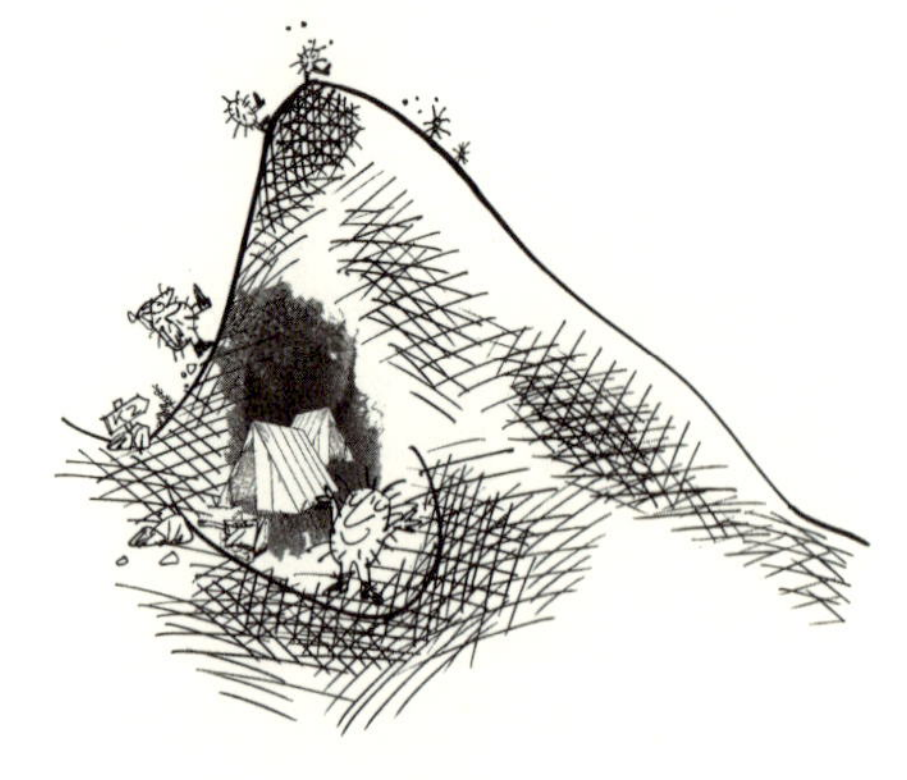

いま現在、あなたの体のどこかにその細菌がいる確率が高いと知ったら驚くかもしれない。真っ先に探すべき場所は前鼻孔、言いかえると、鼻の穴のうち、あなたが指をつっこめる部分だ。そこは黄色ブドウ球菌がもっともくつろげる場所だが、体のほかの部位を植民地化するための出発点でもある。抗生物質などの抗菌治療薬を鼻に塗付すると、体のほかの部位からも黄色ブドウ球菌を一掃できることが複数の研究で示されている。つまり、この細菌は鼻を居心地のよいベースキャンプとして利用しながら遠く離れた場所の侵略に繰り出していると見られ、ベースキャンプの快適さを少しばかり減らせばそれを妨げられるということだ。

あなたは保菌者?

黄色ブドウ球菌にかんしては、人は次の三つの「保菌パターン」にわけられる。

・およそ二〇％の人は「持続保菌者」である。ほぼつねに黄色ブドウ球菌を保菌し、一貫して特定の株が存在する。
・六〇％は「一過性保菌者」で、ときどき黄色ブドウ球菌を宿す。宿泊客として鼻に迎え入れる株に一貫したパターンはない。
・二〇％は「非保菌者」で、黄色ブドウ球菌はほぼ見られない。[原注9]

持続保菌者でも、黄色ブドウ球菌はたいてい、それほど多くの問題は引き起こさない。そうした状況は感染ではなく**無症候性定着**[用語集]と呼ばれ、もう少しだけ深刻な事態になったとしても、病原性細菌としての存在のあらわれは、にきびやおできのような比較的軽い症状にとどまる。重篤な感染症に至ることはめったになく、そうなるためには細菌が皮膚の防護壁を突破する必要がある。保菌パターンは年齢とともに変わり、子どものほうがおとなよりも保菌率が高い。多くの人では一〇～二〇歳で保菌パターンが変わる。興味深いのは、持続保菌者が保菌株以外の株から守られているように見えることだ。しかし、保菌者が抗生物質治療を受けると、ほかの株が侵入できるようになる。

フレミングとカビだらけのペトリ皿

抗生物質により黄色ブドウ球菌を殺せると聞いても、たいした驚きはないだろう。わたしたちは長年のあいだ、たとえばペニシリンなどを使って、この細菌にとてもうまく対処していた。じつを言うと、アレクサンダー・フレミングがカビの一種ペニシリウム・クリソゲナム（ペニシリンの名はここから来ている）に細菌を殺す効果があると気づいたのは、黄色ブドウ球菌を培養しているときだった。ところが一九四〇年代から五〇年代にかけて、病院で分離された黄色ブドウ球菌の複数の株がペニシリンの作用に対する耐性を発達させつつあることに研究者らが気づきはじめた。そうした株はペニシリナーゼと呼ばれる酵素をつくり、これはペニシリンのベータラクタムと呼ばれる分子構造を破壊する。ベータラクタムは四つの炭素原子からなる環で、ペニシリン分子の中央に位置する。ペニシリンの抗菌特性を生んでいるのはまさにこの構造であり、多くの細菌種で細菌が機能するために欠かせない細胞壁の合成を阻害する。[原注10] 最初のうちこそまれだったものの、ペニシリナーゼを産生する黄色ブドウ球菌株は病院で勢力を広げはじめた。

この耐性の広がりは、第二次世界大戦が終結し、民間でのペニシリンの購入と使用が突如として増えたことに関係していた。数年のうちに、病院のほぼすべての黄色ブドウ球菌株がペニシリン耐性をもつようになったものの、「一般社会」（つまり、病院とは関係していない場所）で見つかる菌株にはまだ効いたため、一九七〇年代に入ってもペニシリンは黄色ブドウ球菌感染の治療に使われつづけた。[原注11] 病院の黄色ブドウ球菌株がこれほど速く、これほど徹底して耐性を発達させた理由は、単純な数学、別の言い方をすれば自然選択による進化にある。

耐性——数字がわたしたちにとって不利になる理由

たくさんの黄色ブドウ球菌をひとつのペトリ皿のなか、もしくは実際の病院の患者集団のなかに集めたところを想像してほしい。人間にかなりのばらつきがあるように、細菌にもばらつきがある。その細菌のばらつきの大部分は遺伝的なもので、子孫の細菌にも受け継がれる。細菌のばらつきは物理的な外見よりは（それもありうるが）生化学や代謝のプロセスにかかわっており、たとえば、ある細菌は別の細菌よりも特定の分子の分解や生合成が得意だったりする。一部の細菌のDNAには変異があるかもしれない。この変異は、たいていはDNAの「はしご」の「横木」部分の小さな違いであり、これが遺伝暗号の違いにつながる。こうした変異が起きるのは、DNAをときどき複製する必要があるからだ。複製プロセスはかならずしも一〇〇%正確ではなく、めったにないことだが、ときに重大なエラーが生じる。細胞が紫外線、X線、一部の化学物質などの「変異原」にさらされたときにも、「強制的」に変異が生じることがある。

DNAの暗号が異なると、タンパク質を構成するアミノ酸の配列が変化する（第二章で話したのをご記憶だろうか?）。そうした変化はたいていの場合、あまりうまくはたらかないタンパク質を生む。というのも、アミノ酸配列が変わると、タンパク質の機能に決定的な影響をおよぼす最終形状がまちがったものになるからだ。そのためたいていの変異は有害だが、新しいタンパク質の形状が少しだけ異なってはいるものの、現実の問題を引き起こすほどの違いではないようなケースでは、ほとんど害にも益にもならないこともある。あるいは、何かすごくよいことをできるようにしてくれる特定の遺伝子やバリアントをもつ個体もいる。そうした場合には、当初の利点がごくわずかにすぎなくても、環境が変わると途方もなく有利になることがある。

一九四〇年代以前、つまり病院がペニシリンであふれるまえは、ペニシリナーゼをつくれる黄色ブドウ球菌はペニシリウム属のカビと競争するはめになったときには優位に立てただろうが、全体の状況からすれば、その手の遭遇はごくまれだったと思われる。それでも、そうした遺伝子をもつコストが小さく、その形質が有利にはたらく環境に出くわす可能性がそれなりにあるかぎり、その遺伝子はごく低い出現率ではあるものの、集団のなかを流れつづける。ところが、ペニシリンが広く使われはじめると、ペニシリナーゼをつくれる株がつくれない株よりも突如として競争上とてつもなく有利になる。環境が劇的に変わり、ごく低確率だったペニシリンとの遭遇が、病院内ではほぼ不可避になったのだ。

カギは選択的生存

抗生物質があふれるこの新たな環境では、それを生き延びるための遺伝子をもたない株はおそろしく不利になる。そうした株は死に、子孫を残せないのに対し、ペニシリンに対処できる個体は世界を謳歌する。持ち主に選択上の優位性を与える遺伝子は急激に出現頻度を増し、やがて、進化生物学者の言葉を借りれば、拡散して固定される。ペニシリンの世界では、ペニシリナーゼをつくれる者だけが生き残れるのである。

病院の外、ペニシリンがあふれていない環境では、そうした有益な形質をもたない株でも対等に競争でき、ペニシリナーゼ産生株は優勢になれない。したがって、ふたつの細菌グループが発達する。ひとつは、病院にいる耐性をもつグループ。もうひとつは外の世界、つまり「一般社会」にいる、それよりもはるかに耐性が低いグループだ。

自然選択のプロセスは、特定の遺伝子とその持ち主が特定の環境で有利になって繁栄し、それと同じ遺伝子をもつ子孫をつくり、その子孫が同じように繁栄することで機能する。その結果として生じる遺伝子頻度の変化（このケースではペニシリナーゼ産生遺伝子の増加）が進化である。細菌では、急速な進化を得意技たらしめる特性のおかげで、この自然選択のプロセスがいっそう強化される。

細菌のUSBドライブ

細菌の遺伝暗号、つまりDNAの塩基配列は、細胞の機構によってきちんと「読みとられ」た場合には、タンパク質をつくり、細胞を機能させる。遺伝暗号の一部は、染色体と呼ばれる環状のＤＮＡ分子として細菌細胞内に存在する。この染色体は細胞内にあり、ヒトの染色体とは違って、細菌では核膜がなく核内に閉じこめられていない。ＤＮＡをらせん状のはしごとして視覚化するなら、そのはしごの横木は、いわゆる塩基対が縦木の「隙間」をまたいでたがいに結合して形成されたものだ。ＤＮＡの塩基は四種類あり、ＤＮＡ分子に沿って並ぶそうした塩基の配列が遺伝暗号になる。ところが、細菌のゲノムはこの染色体だけにかぎらない。染色体だけなら、話ははるかに単純だっただろう。

細菌は染色体のほかに、**プラスミド**[用語集]というかたちで細胞内に「余分な」ＤＮＡを隠しもっている。プラスミドは小さな環状ＤＮＡ分子で、染色体ＤＮＡとはまったく独立して存在する遺伝子をコードしている。ひとつの細胞のなかに数百個、場合によっては数千個のまったく同じプラスミドのコピーが存在することもある。このプラスミドがコードしている有益な遺伝子のひとつが、耐性遺伝子である。[原注12]

このシステムを理解しやすくするために、染色体ゲノムをコンピューターのハードドライブのようなものと考えてみよう。ハードドライブにはシステムを動かすために欠かせないものがつまっているが、コンピューターの内部に固定されている。対するプラスミドはＵＳＢドライブである。小さく、かならずしもシステムの動作に必要ではないが、それでもおおいに役に立つ。ＵＳＢドライブのとりわけ便利な機能は、コンピューターとコンピューターのあいだで情報をすぐに移動させられることだ。同じように、プラスミドやゲノムのほかの構成要素も、まったく違う細菌種のものも含め、細菌細胞のあいだで移動させることができる。

水平に動く

繁殖の結果として生じる親から子への遺伝子の伝播は、垂直伝播と呼ばれる。遺伝子が世代を「下」へくだっていくからだ。いっぽうの水平伝播は、それ以外のなんらかの手段で個体から個体へと遺伝子が移動する伝播を指す。これは真核生物、つまり構造のしっかりした大きな細胞内にきちんとした核をもつ生物でも、ある程度は起きている。だが、大々的な水平伝播を見たいのなら、原核生物、つまりは細菌に目を向ける必要がある。

わたしたちはすでに、トイレにいたときに遺伝子の水平伝播に遭遇している。志賀毒素をつくる大腸菌株の話だ。そのケースでは、遺伝子はおそらくバクテリオファージ（細菌が感染するタイプのウイルス）を介して赤痢菌から大腸菌に伝播した。思い出してほしいが、バクテリオファージは自分のDNAを細菌細胞に直接注入し、その細胞の分子機構を巧みにのっとって新しいバクテリオファージをつくる。新しいウイルスを製造するときには、バクテリオファージDNAが複製される。そして、このプロセスはかならずしもものすごく正確なわけではない。一部のバクテリオファージDNAが細菌の染色体に行きついたり、新しいバクテリオファージが細胞内にしまいこまれていた細菌DNAの断片をもつようになったりすることもある。ウイルスを介した細菌間の遺伝子伝播を、形質導入という。それが起きるのは、この完璧とは言えないDNA複製とバクテリオファージ製造のおかげだ。

細菌株や細菌種のあいだでの耐性遺伝子伝播におけるバクテリオファージの役割については、まだ解明に向けた研究が進められている最中だが、最近の研究では、環境の「そのへん」にいるバクテリオファージがたしかに抗生物質耐性遺伝子をもっていることがはっきり示されている。この研究で調べられた「そのへん」には、都市の下水や河川水が含まれる。つまり、抗生物質耐性遺伝子は日々、ごく普通の環境のあちらこちらを流れているということである。だが、どうやってそこにたどりつくのか？

細菌の遺伝子が広域環境へと至る経路を推測するのは難しくない。特定の抗生物質に対する耐性を進化させた病院の細菌株は、バクテリオファージに感染する可能性がある。そのファージの一部は、いずれ耐性遺伝子をもつようになるかもしれない。ひとたび河川系に流れ出たら、そうしたファージは「一般社会」の細菌に入りこむ。そして、目下のところ耐性にかんする選択圧がかかっていなくても、その菌株の耐性を高める可能性がある。この形質導入というルートは非常に現実的であり、関心も高まっているが、それよりもはるかに大きなリスクを生んでいるのが、別の形態の水平伝播、とりわけ接合と呼ばれる一方通行の伝播である。

細菌の「秘めごと」

接合は細菌版のママとパパの「秘めごと」にあたる。ただしこのケースでは、あっというまに終わり、いくつかのものすごく小さな構造がかかわってくる。実際のところ、通常のセックスとそれほど違わないと言う人もいるかもしれないが、大きな違いは、細菌の「セックス」では、染色体DNAをひとつにするかわりに、プラスミドの伝播に焦点がしぼられていることだ。抗生物質耐性遺伝子はプラスミドにあるため、接合はそうした遺伝子を集団内に広めるうえで、きわめて直接的かつ迅速なメカニズムとして機能する。

この伝播は、少なくとも概念上は、じつにシンプルである。一方の細菌細胞が供与菌の役割を担う。この細胞は「オス」と呼ばれることもあるが、この呼び方はたいして役に立つわけではなく、生物学的にも理にかなっていない。オスとは、小さいほうの生殖細胞(精子は卵よりもはるかに小さい)をつくる性を指すものだ

し、わざわざ混乱のタネを追加しなくても、細菌にかんしてはすでにありあまるほどの専門用語、隠語、比喩、暗喩が存在する。細菌は精子も卵もつくらない。供与菌はたんに別の細菌細胞にプラスミドを与える細菌のことで、受けとったほうの細菌は受容細胞と呼ばれる。

多くの細菌は、細胞の外側の表面で**線毛**用語集（ピリ、単数形はピルス）と呼ばれる毛のような付属器官をつくることができる。この名前はカーペットのパイルと同じく、毛を意味するラテン語に由来する。線毛は繊維状タンパク質でできており、そろそろタンパク質命名法のコツをつかんでいるはずのあなたにも予想がつくかもしれないが、ご名答、そのタンパク質はピリンと呼ばれている。

線毛にはさまざまな機能がある。たとえばⅣ型線毛（ピリ）は分子版引っかけフックのように機能し、表面にくっついて縮み、その表面に細菌を引き寄せたりするのに使われる。フィンブリエと呼ばれるそれよりも短い線毛は、細菌を表面に固定するのに使われ、この表面にはわたしたちの細胞や組織のような生体表面も含まれる。フィンブリエは空間の占領やバイオフィルムの形成に欠かせず、したがってこの接着性の付属器官は確実な感染にも欠かせない。これらの線毛は細菌の日々の活動にたいへん役立っているものの、こと細菌流ロマンスにかんして目を向けるべきタイプの線毛は、わかりやすくて助かるのだがなんの意外性もなく、性線毛と呼ばれている。

すべての細菌細胞が性線毛をつくれるわけではない。プラスミドの伝播を可能にするこの特別な線毛をつくる能力自体も、Ｆプラスミドというプラスミドをもつことで得られる。このＦはfertility（繁殖力）から来ている。どの細菌細胞をとっても、Ｆプラスミドは一コピーしかない。このプラスミドのコピーをもつ細菌細胞はF陽性またはFプラスと呼ばれ、供与菌として機能できるのに対し、このコピーをもたない細胞はF陰性（Fマイナス）と呼ばれ、受容菌として機能する。

ここまでは、とても簡単だ。

用語集 *tra* と呼ばれるFプラスミドの特定の部分には、性線毛を構築するタンパク質をコードするピリン遺伝子をはじめ、接合プロセスに関与する多数の遺伝子をコードするDNA領域がある。線毛の末端は受容菌に接着する必要があり、この接着を担うタンパク質もまた、この部分にある遺伝子がコードしている。これでもまだ、人間のセックスを複雑だなんて思う？

性線毛が受容菌に接着したら、ふたつの細胞がたがいを引き寄せあい、細胞膜の融合によって両者のあいだに通路が開く。融合したあとは、プラスミドのような遺伝物質がふたつの細菌細胞のあいだを行き来できる。プラスミドにコードされている抗生物質耐性遺伝子などの有益な遺伝子を細菌集団のあいだに広める手法としては、これはおそろしく効率的かつ効果的な方法である。[原注13]

動物での耐性獲得

自然選択、とりわけ病院で見られるような抗生物質の作用に耐えられる細菌を生む自然選択は、家畜にいる細菌でも起きている。畜産農業での広範囲にわたる抗生物質の使用、とくに家畜の成長と生産性を高めるための予防投与は、家畜にいる細菌集団に同じ効果をおよぼし、病院の場合と同様、「制御された」保有宿主である食用動物から耐性遺伝子が環境に漏れる可能性がある。だが、それが実際に人間の健康にとって危険か否かについては、まだ議論が交わされている。ＥＵとＦＤＡが家畜における抗生物質の使用を制限しているのをよそに、二〇〇四年に発表されたあるレビューは、「実際の危険は小さいと思われ」、「人間における耐性の問題の大部分は人間による使用から生じる」と主張している。[原注14] この見解には現在でも支持者がいるものの、禁止は必要であり、動物の健康を害さずに禁止を履行できると主張する科学者もいる。[原注15] この最後の点は、もちろん重要だ。なんといっても、抗生物質は生産性を高めるためだけでなく、病気の動物の治療にも使われるのだから。

リスクの本質にかんして不確かさが残る状況であるにもかかわらず、家畜における一部の抗生物質の使用を制限している現状は、「予防原則」の現在進行形の一例と言える。正真正銘のリスクが存在すると絶対確実にわかっているわけではないが、理論上はまちがいなく存在する。要は、世に言う「転ばぬ先の杖」というやつだ。そうしたアプローチは、証拠にもとづくやり方を支持する科学者にはかならずしも受けがいいわけではない。たとえば前述の二〇〇四年のレビューでは、「予防原則」の適用に「非科学的」の烙印が押されている。さらに、著者らはこう述べている。「成長促進目的での抗生物質の使用を禁じることにかんしては、もっとも熱烈な支持者でさえ、人間の健康になんらかの検出可能な利点があるとは主張しておらず――悪影響をもたらす可能性まである」

とはいえ、研究の継続にともなって証拠は着々と集まっており、不確かさはますます小さくなっている。この分野の一部の研究者は、こう述べている。「NTA（非治療的な抗生物質使用、言いかえれば成長促進目的での飼料への抗生物質添加）から生じるものを含め、動物から人間への耐性菌の伝染を報告する証拠がかなりの数にのぼり、さらに増えている現状は、拡大しつつある耐性遺伝子の環境負荷を抑制する目的でNTAを排除することの正しさを裏づけている」[原注16]。そのいっぽうで、当然と言えば当然だが、わたしたちはいまも昔もこの先も、もっとよい条件で飼育された家畜の肉をもっと安く手に入れることを求めつつ、自分の体に小さな痛みや感染が生じたら、よく効く抗生物質でたちどころに、かつ効果的に治療してほしいと期待する。「あちら」とか「こちら」とか「立たぬ」とか、そんな言葉が頭に浮かぶ……。

未来

自然選択と進化というダーウィン説の二本柱と、細菌において進化し、細菌の猛スピードでの進化を可能にした遺伝子伝播という興味のつきない方式。その組みあわせにより、わたしたちはいまの状況に引っぱりこまれた。それぞれの要因のかかわりあいや、耐性の獲得と継承のメカニズムの細部については、一部のケースではまだ解明に向けた研究が続いているが、重要なのは「木を見て森を見ず」にならないことだ。大局は驚くほどはっきりしており、WHOが二〇一四年に公開した「抗微生物薬耐性――世界調査報告書」できれいにまとめられている。この章の冒頭で引いた部分は再読する価値がある。「ポスト抗生物質時代――よくある感染症や軽い負傷が人を殺しうる時代――は黙示録的なファンタジーなどではまったくなく、二一世紀におけるきわめて現実的な可能性である」

こうした陰鬱な未来予想にもかかわらず、いくらかの希望はある。まず、抗生物質の使い方にもっと注意を払うことはできる。もちろん、これには動物での使用も含まれる。耐性にかんして世界中からさらに情報を集めるのも一策だが、それとは別に、もっと前向きな姿勢での取り組みも可能だ。新しい抗生物質を開発できれば、状況を白紙に戻して新しいスタートを切れる。そのうえで、もっと思慮分別をもってその抗生物質を使えばいい。新しい抗生物質は簡単に手に入るものではない。現時点でもっとも新しい抗生物質の系統が発見されたのは三〇年近くまえだ。その一因は、多くの細菌種の培養が難しいことにある（第一章で最初に出くわした問題だ）が、二〇一五年に発明された培養の画期的技術は、数十年にわたる抗生物質発見の枯渇状態に終止符を打つ「ゲームチェンジャー」として歓迎されている。このアイチップ技術は、半透膜で囲まれた小さな四角い「プレート」の細かい穴のなかで細菌を培養するというもので、すでにこの手法により、**テイクソバクチン**用語集と呼ばれる「きわめて有望な」新しい抗生物質が見つかっている。アイチップ技術で培養した土壌細菌から得られたこの物質の試験では、マウスにおいて致命的な量のＭＲＳＡを一掃できることが示された。次のステップは人間を対象にした試験だが、テイクソバクチンが

新しい特効薬であると証明されたとしても、治療で使えるようになるまでには何年もかかるだろう。[原注17]

新しい抗生物質を見つけるためには、これまでにない、もしかしたらちょっと奇抜な場所の探索がカギを握るかもしれない。たとえば、米国ニューメキシコ州の僻地にある洞窟系を調査している科学者たちは、周囲から隔離されたその環境に生息するめずらしい細菌を調べ、新しい抗生物質の見込みがある物質を発見した。さらに興味深いことがある。それと同じ研究では、そこにいる細菌が現在使われているほぼすべての抗生物質に耐性をもつことも発見されたのである。その細菌が隔離された環境にいたことからすると不可解かもしれないが、思い出してほしい。抗生物質耐性は自然現象であり、細菌はプラスミドの共有をつうじて耐性を受け継ぐことができるのだ。[原注18]

こと細菌と抗生物質にかんしては、どことなく「下り」のエスカレーターを歩いて上っているような感じがつきまとう。もしかしたら、わたしたちは別の手段を探すべきなのかもしれない。実際、別の道を進んでいる研究者もいる。たとえば、ナノテクノロジーだ。ナノテクノロジーは分子スケールでことが進行する技術で、最近では分子爆薬のようなものが研究されている。炭素――煙突をのぼる黒い物質であり、ダイヤモンドの婚約指輪についたきらきら光る物質でもある――には、バッキーボールと呼ばれる分子版サッカーボールのようなものを形成する性質がある。化学の世界では、そのバッキーボールにさまざまな分子を加えて爆発させるシミュレーションがおこなわれている。つまり、バッキーボールがバッキー爆弾(ボム)になるわけだ。[原注19] バッキーボムを爆発させるシミュレーションでは、一〇億分の一秒で四〇〇〇℃に達することが示されている。そして、この爆弾で特定の細菌を狙って攻撃できるのなら（理論上は可能だ）、その細菌を吹き飛ばせるのではないか？[原注20] たしかに解決策のひとつではあるが、バッキーボムの処方箋がすぐにお目見えするとは、わたしなら期待しないだろう。

また別の話……

耐性は抗生物質にまつわる唯一の問題ではない。規模を問わず、善意の介入の多くがそうであるように、抗生物質でも少なからぬ付帯的損害が生じうる。抗生物質は標的の細菌をやっつけるかもしれないが、わたしたちの体のなかにいるほかの多くの細菌も一緒にやられてしまう可能性がある。そうした細菌たちは有害とはほど遠く、それどころかわたしたちに利益をもたらしている。抗生物質投与の結果として副次的影響（抗生物質にともなう下痢）が生じるのは、そうした善意の介入により、わたしたちの腸内にすむ細菌がつくる、バランスのとれた興味深いコミュニティが乱されるからだ。ではそろそろ、その細菌たちに会いにいこうか……。

第六章
内なる世界

この章では「体内生態学者」になり、わたしたちの腸内に広がる生態系の途方もない多様性と重要性を検証し、一〇〇兆という数の想像を試み、安定の本質について考える。

ここまで見てきたように、細菌は掛け値なしに驚くべき生きものだ。比較的大きな真核生物、つまりわたしたちの体に見られる種類の細胞は、このうえなくごちゃごちゃしている。タンパク質の孔が点在する精巧な膜に包まれた核、呼吸の現場である変わりだねの**ミトコンドリア**[用語集]、分子の製造と配送にかかわるエキゾチックな名前のゴルジ体、はてしなくのびているかのような小胞体(**細胞質**[用語集]全体を走る膜のネットワーク)。それはどれも生物の教科書のなかではすばらしいものに見えるし、実際にめまいがするほどたくさんの機能を細胞に与えてはいるが、大きさと複雑さに「身軽さ」の欠如がともなうことはまぎれもない事実である。

それに対して、あまりとっちらかっていない原核細胞のむだのなさと小ささは、大きな細胞には絶対に入りこめないニッチを利用する途方もないチャンスを細菌に与えている。たとえば、そうした大きな細胞そのものにだって入りこめる。すでに見たように、世間でも科学界でもとりわけ知られているのは、まさにそうする過程で病気を引き起こす細菌たちだ。本書の前半の章で、あえてそうした病原性細菌に注目してきた理由は、その有名さにある。微生物学には、科学用語や熟練の舌をもときおりもつれさせる名前があふれている。そうした言語上、生物学上の複雑さを考えれば、おなじみのものに焦点をあわせるほうが賢明だろう。それに、大腸菌、リステリア菌、サルモネラ菌、黄色ブドウ球菌といった細菌は、細菌生物学のやや難解で突飛な要素のいくつかを理解するうえで、よい枠組みにもなる。

このアプローチの大きな問題は、細菌がおよぼしうる害が強調されてしまうことだ。とはいえ言うまでもなく、それは細菌研究の歴史をなぞっている。微生物学のごく初期から、探求の二本柱は病気の解明と治療法の開発であり、研究計画はそちらに流されがちだった。たしかに、「外」にいる細菌はわたしたちを感染させ、病気を引き起こす。膨大な数の細菌学研究、とりわけ過去一世紀におこなわれたものが無数の人命を救ってきたことは疑いようがない。だが、「内」にすむ細菌は？　そろそろ、第一章で出発した旅の続きに戻り、地球上屈指の興味深い生態系――わたしたちの体の生態系をさらに掘り下げてもいいころだろう。

体内生態学者になろう

すでに話したように、わたしたちの体のなかや表面にすむ細菌はまとめてマイクロバイオータと呼ばれ、そのマイクロバイオータには、条件しだいでは病気を引き起こしうる細菌も含まれる。しかし、これまたすでに話したように、細菌の存在と病気とのつながりはかならずしも単純明快ではない。たとえば健康な人の皮膚や鼻腔では、黄色ブドウ球菌などの病気を起こしうる細菌の群集（コミュニティ）が栄えていることがある。鼻腔が黄色ブドウ球菌の豪華なベースキャンプになるのは、温かく湿っているからだ。細菌繁殖におけるこの微気候コンビの重要性は、キッチンスポンジなどのほかの場所でもすでに目にしてきた。口もまた温かく湿った領域で、ついさっき歯を磨いたばかりでなければ、細菌が繁殖しているのを舌で感じとれるはずだ。

簡単な手入れを少しばかりしていれば、歯垢（プラーク）や歯周病を引き起こす細菌の繁殖を抑え、悪影響を避けられる。同じように、手をきちんと洗う、冷蔵庫のつめ方に気をつける、子どもでもできる単純な衛生ルールに注意を払うといった対策をとれば、トイレやキッチンにいる細菌が引き起こしうる問題を、すべてではないにしても、ほとんど管理できる。

よくよく考えてみれば、わたしたちは日々の生活のかなりの部分を細菌管理に割いているが、その管理は概して破壊的な性質のものであり、有害かもしれないと思われる細菌を殺すことを目的としている。だが、わたしたちの体で細菌のコミュニティが栄えているのなら、その内なるお客に対してもっと慈悲深いアプローチをとるべきではないのか？　もっと言えば、細菌をたんなる退治すべき問題として扱う有害生物駆除から脱却し、有益な細菌を育み、体内の細菌群集を調整して健康を高める栽培的アプローチに切り替えるべきなのでは？　医療におけるこのアプローチについてはのちの章で触れるが、そのまえにとりあえず、内なる世界の規模と複雑さを知り、次いで――当然と言えば当然の流れだが――うまくはたらかなくなったときに何が起きるかを見ていく必要がある。

おそろしいまでの数

わたしたちの体の表面や穴や溝の多くは細菌に食べものとすみかを提供しているが、数でも密度でも、もっとも多くの客をもてなしているのは腸である。だれかの腸に存在している細菌細胞の数はどうしても推測にならざるをえず、その人の現在の健康状態、最近の病歴、体の大きさの影響を受ける。多くの推測値を平均すると、だいたい一〇〇兆個くらいになるようだ。そうしたうさんくさい「丸めた」数字は健全な範囲の懐疑的姿勢で扱うに越したことはないが、このおおよその数字は広く受け入れられているように見受けられる。実際のところ、この数字の問題は丸められていることではなく、何をどうしても驚くほど無意味だという事実にある。それをわかりやすくするために、ここで省略せずに書いてみよう。思い出してほしいが、一兆は一〇億の一〇〇〇倍であり、一〇億は一〇〇万の一〇〇〇倍だ。つまり、一〇〇兆は一〇〇、〇〇〇、〇〇〇、〇〇〇、〇〇〇になる。これをじっくりよく見てから、それと同じ数の小石——あるいは、なんでも好きなものでもかまわない——がどんなふうに見えるかを思い描いてみてほしい。何か思い浮かんだ？　だめ？　わたしもだ。そこで、全体像を把握するためにちょっとした算数をしてみた（囲み参照）。すぐにわかると思うが、やっぱりうまくいかなかった。

一〇〇兆個を想像してみる

普通サイズのマッチ箱を思い浮かべてほしい。煙草に火をつけるのに使うようなやつで、中流階級の人たちが薪ストーブをつけるときに使うような長いマッチの入った大箱ではない。普通サイズの箱は、だいたい縦四センチ、横二・五センチ、高さ一・五センチくらいだ。

そのマッチ箱一〇〇兆個をつなげて並べたら、長さ四〇億キロメートルのマッチ箱の線ができる。

数字としては、これもやはり、想像しようとしている数に劣らず無意味（この手の大きな数字のたとえにはよくある問題）だが、このマッチ箱の線は海王星にほとんど届くところまでのびる。これならなんとなく、いつの日か役に立つかもしれないトリビアのようにも思える。

体積はどうだろう？　マッチ箱ひとつの体積は一五立方センチメートルで、ギザの大ピラミッドの体積はおよそ二六〇万立方メートルである。

一立方メートルは一〇〇万立方センチメートル。したがって、一立方メートルにはマッチ箱六六、六六六・六個が収まる（悪魔崇拝者なら、深みのあるおまけの意味を受けとるかもしれない）。そして、われらが一〇〇兆個のマッチ箱の総体積は一五億立方メートルということになる。
悩ましいことに、これはギザの大ピラミッドおよそ五七七個に相当し、わたしに想像できそうな数字に近づいてはいるものの、まだ無意味の領域にしっかり根を下ろしている。

全体として見ると、わたしたちのマイクロバイオータはわたしたち自身の細胞の数をはるかに上まわっている。人体の細胞数は三七、二〇〇、〇〇〇、〇〇〇、〇〇〇個、つまり三七兆二〇〇〇億個と推定されている。したがって、腸だけでもマイクロバイオータはわたしたち自身の細胞の少なくとも三倍にのぼり、全身のマイクロバイオータを考慮に入れると一〇倍に近くなる。[原注1]こうした数字は、細菌細胞がどれほど小さいかを理解する手がかりにもなる。なにしろ、自分たちのすみかである体の細胞を数で上まわっているにもかかわらず、わたしたちの腸のマイクロバイオータは重さにして推定一～二キログラムしかないのだ。

かなりの多様性

おそろしいまでの数に加えて、わたしたちの腸のマイクロバイオータはかなりの多様性も備えている。これは数字としてはっきり示すのが難しく、第一章で見たように、細菌では種の概念がやっかいのタネになる。だが全体として、広く見られる細菌種は一〇〇〇から一一五〇種くらいで、同定可能な株は七〇〇〇種類を超える。もちろん、そうした細菌種のすべてがいつもいるわけではない。抗生物質を投与されたばかりでない健康な人の体内には、一六〇〜二〇〇種ほどの細菌がいる。ただし、ひとりひとりが一〇〇〇にのぼる「種レベルの」系統型を宿しているとした推定もある。[原注2] だいたいにおいて、さらなる分析がおこなわれるたびに多様性の情報は減るよりも増える傾向にあり、実際ほんの数年前までは、種数の総計は八〇〇とされていることが多かった。

一〇〇〇種の比較対象として、少しばかり数字を紹介しよう。国際自然保護連合（ＩＵＣＮ）によれば、全世界に存在する霊長類は六三四種。このグループにはわたしたちヒトやそのほかの類人猿、数々のサル、奇妙で素敵なブッシュベイビー、ロリス、メガネザル、そしてマダガスカル島にいる多くのキツネザルが含まれる。テレビに登場する時間、映画のキャラクター、マスコミの注目にかけてはほかのどんなグループよりも吸引力のある動物たちだが、生態学的にはほとんど影響力はなく（わたしたちは例外）、その多様性はあなたが前回の排便時にトイレに放出したかもしれない細菌の多様性と大差ない。とはいえ、大腸菌が「オレはこのジャングルのえらい王さま」〔アニメ映画『ジャングル・ブック』（一九六七年）でサルたちの王キング・ルーイが歌うナンバー「君のようになりたい」の歌詞の一節――訳注〕と歌うところを想像するのはなかなか難しいが。

腸は複雑な生態系

生態系の多様性は、「生息地複雑性」とでも呼べそうなものに動かされているケースが多い。これはじつに直観的な概念で、要は単純な環境よりも複雑な環境のほうが、生物が生きるための生息地や生活手段が多くあるということだ。したがって、複雑な環境のほうが、生物の埋めるべき「ニッチ（生態的地位）」が多くなる。ときに生物の「住所と職業」にたとえられるニッチは、生態系の理解や自然界に見られる相互作用とパターンの研究の核となる概念だ。わたしたちの腸は一様な環境ではない。もしくは、この分野の文献でよく出くわす言葉で言いかえれば、一様な**「内環境**[用語集]」ではない。腸内にはさまざまに異なる数多くの独立したサブハビタット〔生息地／生息環境（ハビタット）のさらに小さな区分――訳注〕が存在し、それぞれに優勢な、ときにやっかいな独自の物理的・化学的・生物学的条件があり、それに対処できる生物に幅広い潜在的ニッチを提供している。たとえば胃は酸性度が高く、タンパク質を分解する酵素であふれ、定期的にからっぽになったりまたいっぱいになったりする周期により、規則正しい動きが生まれている。これはなんとなく、潮の満ち引きによりできる潮だまりを思い起こさせる。ただし、ここを満たすのは、酸素の豊富な冷たく心地よい海水ではなく、咀嚼されて部分的に消化された酸性の食べものだが。もっと俗な言い方をすれば、つまりはゲロだ。

ちなみに、胃の環境の酸性の強さに疑いをもっているのなら、前回に嘔吐したときの歯の感覚を思い出すといい。あの侵食されるような不快な感覚は、胃の内壁にある腺がつくる塩酸の作用である。それを思うと、あれほどの試練に満ちた過酷な環境をわがものにできるヘリコバクター・ピロリ（ピロリ菌）のような種の創意工夫の才を称賛せずにはいられない。この細菌はおよそ四〇〜五〇％の人の胃で見つかる。たいていはおそらく子どものころに獲得したもので、そのまま胃のなかにとどまっている。場合によっては、消化管の次のセクション、十二指腸へ進出するかもしれない。この細菌を内環境の一部として保有している人では、いくつかの問題、とりわけ胃潰瘍を引き起こすことがある。ただし、単純に原因と結果と言えるものではない。すでに見てきたように、たんに「感染した」からといって、それが自動的に病気につながるわけではなく、ピロリ菌の保菌者のうち、潰瘍を発症する人は一〇〜一五％ほどにすぎない。とはいえ、発症しない八五〜九〇％の人もすべてが薔薇色というわけではない。というのも、ピロリ菌感染により胃炎がほぼ不可避になることについては、おおかたの意見が一致しているからだ。さらに、感染者の一％ほどは胃がんを発症する。[原注3]

生物学者はなんでも飲む

ヘリコバクター・ピロリと胃潰瘍の因果関係の解明は、バリー・マーシャルとロビン・ウォレンに二〇〇五年のノーベル生理学・医学賞をもたらした。研究プロセスの一環として、バリーはペトリ皿いっぱいの細菌を飲み干し、その結果、胃潰瘍にともなう症状がたちどころに現われた。これは生物学者がなんでも飲むことも証明している（わたしは昔からそう疑っていたが）。[原注4]

ピロリ菌感染には明らかなリスクがあり、抗生物質を使えば簡単に胃から取り除ける。その事実からすれば、すべての保菌者に「検査と除菌」戦略をとるべきなのかもしれない。この戦略を支持する人たちは「除菌派」と呼ばれるようになっている。だが、「**片利共生**[用語集]派」として知られる一部の人たちは、ピロリ菌はそれ自体が病原菌なのではなく、たいていのケースでは片利共生生物と考えるほうがよいと主張している。片利共生生物は文字どおり「同じ食卓につく者」〔commensal（片利共生生物）という語はco（共同）とmensal（食卓の）からなり、英語では文字どおり「食卓をともにする人」を意味することもある――訳注〕を意味し、一方の生物が利益を得るが、他方には益も害もないふたつの生物の生態学的なつながりを指す。片利共生派の主張によれば、病気の症状を見せていない人からピロリ菌を除去すると、胃食道逆流を悪化させ、場合によっては喘息を誘発する可能性があるという。[原注5]

それどころか、片利共生派はさらに一歩踏みこみ、ピロリ菌は有益である、つまり双方がこの関係から利益を得ていると主張しているふしもある（ピロリ菌のほうは、やや酸性寄りではあるものの温かく湿った生息環境を手に入れ、人間のほうはピロリ菌由来以外の症状を減らせる）。そうした関係は、きちんとした用語を使えば、**相利共生**用語集と呼ばれる。

ピロリ菌がもたらす恩恵の証拠には議論の余地があり、現時点では納得にはほど遠いが、ピロリ菌は一九八〇年代はじめに発見されたばかりで、この細菌やわたしたちとの関係についてはまだ不明な点がたくさんあることは考慮すべきだろう。とはいえ、一見「明らかな」病原体が宿主ともっと複雑な生態学的関係を築いている可能性が医学界で真剣に受け止められ、研究や議論がおこなわれているのは興味深いことである。

腸の領域に入る

胃を出た食べものは狭い括約筋の関門を抜け、十二指腸へ入る。括約筋とは、筋肉の環でできた風船の結び口のようなもので、体内の空間や体内と体外を仕切る安全な出入り口として機能する。ネコの尻（自分のでもいい）を見れば、括約筋がどんなものかがよくわかるはずだ。

長さ三〇センチほどの十二指腸は、小腸を構成する三つの区画のなかではもっとも小さい。ほかのふたつの区画は、スクラブル〔アルファベットが書かれたコマをクロスワードパズルのように並べて単語をつくるボードゲーム――訳注）をする人にはおなじみの空腸（jejunum）と回腸（ileum）で、長さは合計七メートルほど。小腸は化学的消化（食物をその構成要素の分子に分解する）と吸収を担っている。ここはとりたてて細菌のたまり場というわけではない。全体として見ると、小腸にいる細菌数は一ミリリットルあたり一万個に満たない。いや、それは多いだろうと思うかもしれないが、土一グラム（体積は一ミリリットルよりもわずかに小さい）にはときに四〇〇〇万個の細菌が含まれることを思い出してほしい。小腸で細菌が繁栄しはじめたら、小腸内細菌異常増殖症（ＳＩＢＯ）と呼ばれる疾患が生じ、吐き気、便秘、下痢、腹部膨満感、腹痛、過度の鼓腸、脂肪便など、数々の症状が出る。最後のひとつは、脂肪がきちんと吸収されずに便のなかに残るせいで生じる、ねばつく不快な下痢のことだ。

小腸で細菌が過剰に増殖するのは、大腸菌、ストレプトコッカス属菌、ラクトバチルス属菌、エンテロコッカス属菌などの種が数を増やしたときだ。その原因はさまざまで、病気に起因する腸内の輸送速度の低下、小腸部の解剖学的問題（腸内での憩室――細菌が集まりやすい袋のようなもの――の形成）、免疫系の問題（これについてはのちほど詳しく）、細菌の豊富な大腸の「放牧場」から小腸に細菌が戻ってくるような状況などが考えられる。

原因がなんであれ、小腸にいる細菌が増えすぎると、栄養の吸収がうまくいかなくなり、それが問題を引き起こす。めったにないことだが、最終的には栄養失調に至ることもある。それだけでなく、次の大きな構成要素、つまり大腸への搬入物が本来あるべき姿ではなくなることも意味する。すでに消化吸収されているはずの食物の成分が大腸に流れこみ、そのせいで正常な状態に比べて腸の内容物の濃度が高くなったり、水分が減ったりする。学校の理科で習ったことを覚えている人もいるかもしれないが、水は透水性の膜（たとえば腸壁細胞のような）を通過し、水分の多い領域から少ない領域へ移動する。浸透と呼ばれるこのプロセスにより水が大腸に入りこむと、水っぽいうんこができる。この例は腸内で生じる生態学的問題をかなりよく表している。ある環境の変化がどこかほかの場所で予想外のドミノ効果をもたらすように、わたしたちの腸内でも、複雑な関係と生態系のバランスが乱れると、その下流で影響が生じることがあるのだ。

結腸へ

小腸を出た食物は大腸（結腸）に入る。大腸は消化系の最後の部分だ。長さは一・五メートルほどしかないが、直径はおよそ七・五センチで、小腸の三倍の幅がある。小腸がひたすら栄養を分解して吸収しているのに対し、大腸の役割は、水分を回収し、残ったものをきれいに整ったうんこにまとめることにある。小腸と同じく、大腸もいくつかの区画からなる。こちらのケースでは盲腸、結腸（主要部分）、直腸、肛門管だ。わたしたちのマイクロバイオータの大部分は、この大腸に存在している。

だが、うんこのつまったその大いなる肉の管のなかで、細菌たちはいったい何をしているのか？

まずもってわかりきったことを言えば、細菌たちはそこで生きている。新しい細菌をつくる、食べものを食べるといった、生きものがあたりまえにするすべてのことをしている。思い出してほしい。細菌からすれば、わたしたちはひとつの環境にすぎない。そして、大腸はとりわけ条件のよい環境だ。とはいえ、わたしたちと腸内細菌の関係は一方通行ではない。細菌のさまざまな活動が、直接もしくは間接にわたしたちに恩恵をもたらしている。

まず、細菌は消化を助けてくれる。口と胃と小腸は、口での咀嚼、胃の酸による化学分解、全体をつうじた酵素の作用という消化の武器を駆使し、食物を分解して体が吸収・利用できる成分にするという仕事をそこそこうまくこなしている。とはいえ、その仕事は完璧ではない。たとえば、わたしたちはタンパク質の分解にかけてはすぐれた酵素をもっているが、いくつかの炭水化物、とりわけ果物や野菜に含まれる複雑な分枝糖は人間の分解能力では消化が難しく、この仕事をこなすための分子的手段、つまり酵素もほとんどない。いっぽう、信じがたいほど多様な生化学的経路と代謝ルートをもつ細菌のなかには、そうした分子を消化できるものがおり、一部のケースでは人間に吸収できるブドウ糖などの単糖に分解してくれる。[原注6] また、わたしたちの腸壁からは、腸内の物質の流れをよくするためにかなりの量の粘液が分泌されているが、細菌はそうした粘液でよく見られる複雑な分枝構造をもつ炭水化物も分解できる。

最終生成物としてブドウ糖ができれば、細胞がすぐにそれを利用できるので、わたしたちにとってはとてもありがたい。だが、腸内細菌の消化活動の大部分は、糖分解発酵と呼ばれるプロセスにより、さまざまな種類の炭水化物を短鎖脂肪酸に変換することに関係している。このプロセスでできるのは、酢酸（酢の酸味の成分）、プロピオン酸（一部の真菌や細菌の増殖を抑えるため、飼料や食品の保存料として使われることもある）、酪酸などの比較的小さい分子だ。酪酸は嘔吐物の独特なにおいの原因だが、パルメザンチーズ（次に削るときには、嘔吐物のほのかなにおいを意識してみてほしい）、バター（ラテン語では「ブトゥルム」〔酪酸を意味するbutyric acidはこれを語源とする――訳注〕と言う）などの乳製品にも含まれている。

体のさまざまな細胞はこうした分子をすぐに利用できる。酢酸（アセテートと呼ばれる荷電イオンの形態になっている）は肝臓と筋肉で使われるし、プロピオン酸（やはり荷電イオンの形態で、こちらはプロピオネートと呼ばれる）も同様だ。酪酸（ブチレート）は産生されたらほぼその場で、結腸の内壁をかたちづくる結腸細胞に利用される。

全体として見ると、わたしたちの腸内マイクロバイオータの消化活動は相当なものであり、それについては無菌動物を使って調べられる。無菌動物、とくに無菌マウスにはこのあとの章で何度か触れるので、いまのうちに記憶に刻んでおいてもいいだろう。無菌動物とは、外の環境から隔離されて育てられ、体の内側にも外側にも細菌がまったくすみついていない動物のことだ。細菌がどこにでもいることを考えれば、このプロセスはけっして簡単ではない。科学研究における動物の利用にかんしては譲れない意見をもっている人もいるかもしれないが、倫理面の懸念はいったん脇に置き、純粋に研究という観点から考えると、健康と病気におけるマイクロバイオータのさまざまな構成要素の役割を探るうえで無菌動物が理想的な方法であることはまちがいない。一九八〇年代に実施されたラットの実験では、無菌ラットが体重を維持するためには正常なマイクロバイオータをもつラットよりも三〇％多くカロリーを摂取する必要があることがわかり、食物の栄養価の抽出にかんする腸内マイクロバイオータの重要な役割が示唆された。人間のマイクロバイオータと体重をめぐる複雑な、根本的には未解決の問題にはこのあとの章で注目するが、天才的なアイデアがひらめいている人がいるといけないので念のために言っておくと、体重を何キロか減らしたくても、わたしなら抗生物質には手を出さない。[原注7]

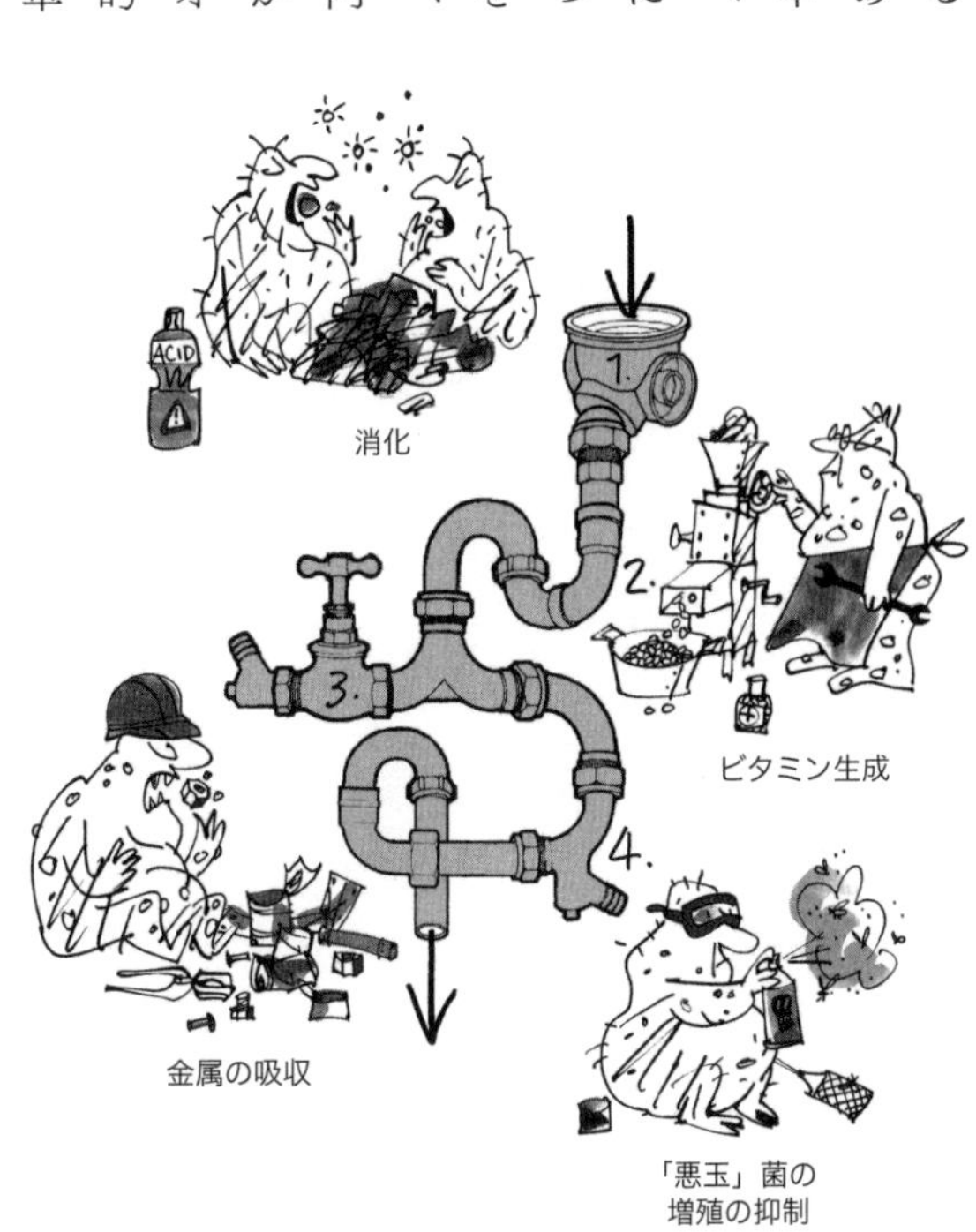

細菌＝おなら（くさいやつ）

糖分解発酵から生じる水素、二酸化炭素、メタンガスは、すべてあわせると、腸内にたまるガス、つまりおならの七五％ほどを占めている。残りの大部分は、食事のときに消化管に入った窒素と酸素だ。これらの気体は合計すると腸内ガスの九九％を占め、においはしない。

問題は、残りの一％の硫黄を含む化合物だ。たとえば、次のようなものがある。

・硫化水素（腐った卵の悪臭）
・メチルメルカプタン（口臭の原因でもある）
・インドール
・スカトール（うんこを意味するギリシャ語のスカトを語源とする）

これがあなたのおならにけしからぬにおいを与えている。

スカトールとインドールは低濃度なら花のようなにおいがする……が、残念ながら、たいていのおならにおける濃度ではそうはいかない。

細菌は天然の栄養サプリメント

わたしたちが大好きだが消化には苦労する分子を分解してくれる便利なサービスに加えて、第二のはたらきとして、腸内マイクロバイオータは一部のビタミンを合成する内蔵型生化学工場としても機能する。ビタミンはごく微量でも体の機能に欠かせないはたらきをする重要な物質だが、わたしたちの体内ではつくれない。自力で合成できない以上、食物から摂取しなければならないが、お粗末な食生活（もしくは一部のケースでは栄養不良）のせいで、健康を維持できるだけの量を摂取できないこともある。そこから生じる壊血病（ビタミンC不足）やくる病（ビタミンD）などのビタミン欠乏症や疾患は深刻なものだが、栄養状態がよければ避けられる。だがじつはもうひとつ、ビタミンを手に入れられる方法があるのだ……。

いま現在、あなたの腸のなかでは細菌がせっせとそれぞれの仕事をこなしており、一部の細菌では、その仕事にビタミン合成も含まれる。これはなかなか役に立つ。というのも、わたしたちが健康な腸内マイクロバイオータをもっていれば、サプリメントに頼らなくても食事の栄養を補助できることを意味するからだ。わたしたちの腸内マイクロバイオータを構成する特定の種は、葉酸（ビタミンB_9——DNA修復、細胞の分裂と成長に欠かせない）、ビオチン（B_7——体に欠かせない多くの重要な分子の合成に必要）、B_{12}（脳、神経系、血液にとって重要）などのビタミンB群やビタミンK_2（血液凝固に必要なタンパク質の合成に欠かせない）を合成し、ひいては供給してくれる。[原注8] ただし、だからといって、偏った食生活を体内で手軽に解決できる手段のようなものと考えてはいけない。細菌は一部のビタミンを——場合によってはかなりの量で——供給できるし、実際に供給しているが、わたしたちが摂取するビタミンの大部分は食べものに由来している。腸内マイクロバイオータの合成するビタミンは、便のなかにもそれなりに役立つ量で存在しており、一部の齧歯類で見られる食糞、つまりうんこを食べることによって摂取できる。人間の大便にも細菌の合成した一部のビタミンが含まれているが、良質のビタミン源を望むなら、便器ではなく鍋のまわりをうろつくことをおすすめする。

第三に、細菌は食物に含まれる重要な金属を吸収しやすくしてくれる。自分が金属を食べているなんてあまり思わないかもしれないが、人間の生理機能と解剖学的構造は基本的に、カルシウム（骨に含まれるが、筋肉と神経系の機能にも欠かせない）、マグネシウム（ATPと呼ばれる分子に閉じこめられているエネルギーを細胞が利用するときに不可欠）、鉄（ヘモグロビン産生と酸素の輸送に必要）などの金属に頼っている。金属は概して反応性が高く、わたしたちは食物に含まれる分子や荷電イオンとして微量の金属を摂取している。腸内で細菌がつくる脂肪酸は、そうした金属の吸収を助けてくれる。

食物を消化し、金属吸収を助け、ビタミンをつくるだけではたりないとでも言うように、腸内マイクロバイオータは有害な病原性細菌の増殖を抑えるうえでもわたしたちに加勢している。このプロセスは生態学用語で「競争排除を介した種間競争」と呼ばれる。細菌がわたしたちに危害を加えるときには、腸壁の細胞に侵入し、場合によってはそこから体のほかの細胞に入りこむ。有益な（少なくとも有害ではない）細菌種は腸壁にはりつき、利用可能な場所の大部分を覆い尽くす。つまり、利用可能な資源をめぐる競争をつうじて、ほかの細菌種を追い払っているということである。このケースでは、最重要資源は生息するための場所だ。このプロセスによりバリアの効果が生じるおかげで、侵入して害をおよぼすおそれのある細菌種や普段は少ない数でしか存在しない細菌種は、腸壁の陣地を手に入れる（線毛でつかむ、と言うべきか）のに苦労する。たいていの場合は、腸内環境で繁栄できる能力ゆえに選択されてきた常在の種のほうが、腸での栄養をめぐる競争にずっと長けている。しかも、そうした種が複雑な炭水化物を発酵させて単純な分子に変える際にできる乳酸や脂肪酸のような物質は、常在菌にとっては快適、競争相手にとっては障害になるように環境を微妙に変化させる。そうしたおおむね受動的な作用だけでなく、常在菌はときにえげつない手も使い、バクテリオシンを産生したりもする。バクテリオシンはタンパク質毒素の一種で、近縁の株を含めたほかの細菌の増殖を阻害するはたらきがある。

金属吸収などの腸内細菌のほかの利点も、もとをたどれば炭水化物の発酵による脂肪酸の生成に行きつく。腸内に存在するそうした脂肪酸は、腸の内壁を覆う細胞の発達を刺激するが、その細胞の発達を細胞数と細胞分化（どの種類の細胞が発達するか）の両面で調節する役割も担っている。**上皮細胞**[用語集]のブドウ糖吸収能力にも影響を与えていると見られる。[原注9]

うますぎる話のように思えるが……

そんなうますぎる話、あるはずがないと思いはじめている人もいるだろう。たしかに、腸内細菌はわたしたちの健康に日々いくつかの悪影響もおよぼしている。一定の水準でつねに存在するが、病原性細菌の侵入から生じるもっと過激な問題とは関係ないたぐいの悪影響だ。腸内細菌は、わたしたちが食べるものを食べざるをえない。細菌はわたしたちが消化系に投げこむほぼどんなものでもじつにうまく消費できるが、問題は、たいていの消化プロセスで「廃棄物」が生じることである。ここで言う廃棄物とは、たんに消化できない成分のこともあるが、わたしたちが食べたろくでもないものを処理するために細菌がやむなく使ったずるがしこい代謝トリックの副産物として生じた化学物質を意味することもある。タンパク質と脂肪の多い食事、たとえば肉中心の食事をすると、腸内細菌が深夜のケバブの成分を消化した副産物として、窒素に富むある種の化合物をつくる。N－ニトロソ化合物と呼ばれるそうした物質には遺伝毒性がある。つまり、わたしたちのDNAに深刻な問題をもたらすということだ。DNAの深刻な問題は、がん、このケースでは結腸がんにつながるおそれがある。とりわけ問題になるのが、脂肪と肉は多いが食物繊維の少ない食事だ。そうした食生活を送る人の大便の調査では、「便水」（この研究の実施者らが便の水っぽい部分を指すのに使っている用語）の遺伝毒性能が高いことが明らかになった。[原注10]

科学者がなんであれ絶対に断言したがらないのは科学の問題のひとつで、食事と結腸がんの関連はその好例だ。肉と脂肪が多く、繊維の少ない食事をしているからといって、確実に結腸がんになるわけではない。それは純然たる事実である。結腸がんになるリスクを高めることはたしかだが、その背景をなす体のシステムは非常に複雑なので、単純に原因と結果を導き出すアプローチが適切であるケースはそうそうない。ヘビースモーカーでも肺がんにならない人はたくさんいる。人にはそれぞれ違った遺伝的背景があり、ライフスタイルや食生活などもさまざまだ。そうした要因は疾患の発症にかんして重要な役割を果たすが、たいていの場合、ひとつひとつを解きほぐすのはおそろしく難しい。たとえば大腸には、ヘテロサイクリックアミン（加熱調理した肉に含まれる窒素に富んだ化合物）の存在下でDNA損傷を誘発する細菌がいるが、その化合物を分解して無毒化できるほかの細菌もいる。わたしたちが望むほど体のシステムが単純であるケースは、皆無ではないにせよ、めったにない。そしてその複雑さのせいで、なんであれ一〇〇％確信するのは、不可能とは言わないまでもかなり難しい。興味深いことに、同じ原則はもっと広い生態学的状況にもあてはまる。その証拠に、特定の種の消滅による生態系の影響や新たな種の移入の効果を予測する試みは難しいことで悪名高い。[原注11]

科学者がはっきりしないのにはわけがある

科学者に断言させることができないもうひとつの理由として、科学者が証拠と見なすものの性質がある。科学的手法はごく単純な五段階のプロセスからなる。何か興味深いことを目にする。それについて疑問を投げかける。対象の性質、それが起きる理由などについて、なんらかのアイデアをひねりだす（これを仮説という）。その仮説をもとに、なんらかの予測を立てる。そうしたら、実験をしてアイデアを検証する。科学とは、太陽がどれくらい地球と離れているかとか、わたしたちの腸にどれくらい細菌がいるかといった、居酒屋で披露するたぐいのトリビアではない。世界を理解するためのエレガントで強力なひとつの手段なのだ。問題は、仮説が正しいかどうかを見極めようとするときに起きる。

統計値のなかには、データセットを表すたんなる数字にすぎないものもある。その多くはごくおなじみのものだ。平均値や中央値（すべてのデータを合計し、データポイントの総数で割る）、データポイントの総数（一般にNと呼ばれる）、データの散らばり具合を示す指標（標準偏差や範囲）。それらはどれも、集めたデータの全体像を描くうえでは役に立つが、異なる処理（無菌ラットと通常のラット）で集めたデータに違いがあるかどうか（どちらのほうが食べる量が多いか？）や、なんらかのかたちで関係しているかについては何も語ってくれない。それを判断するためには、推測統計を使う必要がある。この統計手法がそう呼ばれているのは、たんにデータを表すのではなく、集めたデータについて何かを推測することを可能にしてくれるからだ。

推測統計的検定で得られる値はP値と呼ばれる。これは、特定の差や関連が偶然のみによって生じる確率（probability）を意味する。たとえば、無菌ラットの体重は通常のラットよりもやや軽いかもしれないが、まったくの偶然から、サンプルとした二群のラットの平均体重に差があり、その結果、無菌ラット群のほうが軽くなる可能性はじゅうぶんにある。そうした違いは、サンプルとしたラットの偶然の差に起因するもので、ラットのマイクロバイオータとはなんの関係もない。統計学を利用すれば、いったいどれくらい運が悪ければ、興味深い現象が何も起きていないのにそうした違いや関連を観察してしまうのかを計算できる。そうなる確率、すなわちP値がじゅうぶんに低ければ（慣例では五％、つまり二〇分の一）、「何も起きていない可能性は低く、したがって何か興味深い現象が起きており、わたしの仮説を裏づけられる」と言える。つまりは、まったくの偶然の結果かもしれない証拠をもとに、仮説を統計的に裏づけられる可能性がじゅうぶんにある、ということだ。さらに言えば、仮説が証明されることは絶対にない。たんに裏づけられるだけだ。したがって、絶対正しいということはけっしてなく、だからこそ科学者はつねにまちがっている可能性を意識している。問題は、リスクと確率（そしてよく用いられるようになっている「信頼区間」）が「これを食べたら、がんになる？」のようなずばりの問いに対する満足のいく答えにはならず、科学者がごまかしているとか、イエス／ノーの率直な答えを避けているとあまりにもたやすく思われてしまうことにある。[原注12] とはいえ、これだけは言える。肉と脂肪に偏らないバランスのとれた食生活を送っていれば、リスクの上昇を避けられる。じつに単純な話だ。

あなたの多様性を大切に——自分の腸を敬おう！

いくつかの明らかな利点のほかに、もうひとつ、あなたの腸内にいる細菌を受け入れて敬うべき大きな理由がある。その細菌は、あなた自身なのだ。あなたの腸内にいる、という小さな意味でそう言っているのではない。あなたの体、とりわけ結腸に宿っている細菌の群集は、あなた独自のものだ。指紋のように唯一無二、と言う人もいる。もっとも、それを採取するためのテクニックが法執行機関で使われるようになる可能性は低いが。

健康な人すべてに共通する細菌種もたくさんいる。そうした核となる種はおもにふたつのグループが占めている——バクテロイデーテス門とフィルミクテス門だ。バクテロイデーテス門に分類される菌はごくありふれた細菌で、多くの動物の腸や皮膚だけでなく、土壌や水にも広く分布している。なかでもわたしたちの腸によくいるのが**バクテロイデス**[用語集]属の細菌種で、消化に大きく貢献していることから、もっぱら相利共生者と見なされている。フィルミクテス門の菌にはリステリア菌、ブドウ球菌、クロストリジウム菌などのおなじみの名が並んでいるが、それほど有名ではなくとも、やはり腸内で有益な活動をしている多くの細菌も含まれる。腸内に存在する種も、そうした種の相対的な数も、人によってさまざまに異なる。

最近おこなわれた腸内マイクロバイオータの調査では、種の多様性と存在量は人によって驚くほど違い、腸内マイクロバイオータだけを調べても個人を特定できるほどであることが明らかになった。妙な話に聞こえるかもしれない。なにしろ、わたしたちが腸にいる細菌に提供している環境は、だいたい同じようなものなのだから。だが、人は遺伝的にそれぞれ異なり、それは必然的に、環境としての腸に微妙な影響をおよぼす。また、わたしたちはみな、とりわけ人生の初期にそれぞれ違った外部環境にさらされ、その結果として異なる細菌種や株がすみつく。一卵性双生児でさえ腸内マイクロバイオータは異なる。とはいえ、無関係の人に比べれば、家族の細菌の「指紋」はずっと似たものになる傾向がある。[原注13]

そうした楽しい唯一無二的な性質は、腸内細菌の果たしている有益な役割に個人差がそれほどなく、その役割が人間にとってかなり重要であることからすると、奇妙に思えるかもしれない。ここでのポイントは、こういうことだ。腸内細菌の群集は種の多様性と存在量という点では人それぞれだが、すべて集めた全体としての群集で見ると、発現する遺伝子という点できわめてよく似たプロファイルをもっている。つまり、あなたの腸内細菌はわたしのそれとは違うものの、どちらの腸内群集も同じ任務を果たせるのだ。これもやはり、もっと広い生態系とよく似ている。熱帯雨林は違う大陸にあっても見た目や雰囲気は同じで、ほぼ同じくらいの生産性と複雑さを備えているが、もっと細かく調べてみると、そこにはまったく違う動植物種がいることがわかる。[原注14]

生態学の点で言えば、もうひとつ、回復力（レジリエンス）という概念がある。群集が乱された場合、同じ種が同じ相対量で存在する、まったく同じ群集がまた発達するのか？　それとも、次に生まれる群集は種という点で、さらには機能という点で異なるものになるのか？　ヒトの腸内の群集にも、それと同じ疑問が投げかけられている。現時点での答えを言うなら、わたしたちが宿す群集はきわめて安定しており、変化に対してそれなりに回復力がある、となるだろう。しかし、だからといって種が自然に、もしくは病気や介入により、時とともに変化しないわけではない。この安定性の概念については、のちの章でまた触れるつもりだ。

わたしたちの腸がひとつの生態系として理解されるようになったのは最近のことだが、細菌を病原体としてだけでなく健康維持に不可欠なものととらえて本質を探るべく、生物医学がその路線を進んでいることはまちがいない。原注15　この複雑な関係には、本書でまだ触れていない一面がある。それは何かと言えば、わたしたちの免疫系にかんして細菌が果たしている役割だ。そしてその役割は、腸の問題の代表格である炎症性腸疾患と深く結びついている……。

第七章

免疫の授業に戻ろう

この章では、「体の要塞」がどのように守られているのか、細菌がわたしたちの免疫系に敵と味方の見わけ方をどう教えているのか、そしてそのもろもろが下痢、便秘、炎症性腸疾患や過敏性腸症候群といったいどう関係するのかを考えていく。

ここまで見てきたように、細菌は健康な腸の機能に欠かせない。細菌がいなければ、わたしたちは摂取した炭水化物のかなりの部分を分解することも消化することもできない。おまけに、細菌は体のさまざまな機能に欠かせないビタミンを点滴のように少しずつ提供し、わたしたちの金属吸収能力を高め、腸の内壁を覆う細胞の形成と機能も調節している。有害な細菌の増殖も防いでくれる。それと引き換えに、わたしたちはわりと安全なすみか、理想的な繁殖条件、ほかの環境に広がるチャンスを提供し、たいていの人の手指衛生のまずさとほぼなんでも口に入れる幼児の潜在能力をつうじて、細菌が分布を大きく広げるのに手を貸している。このじつにすばらしい関係がこじれるのは、本来なら安定している細菌の群集(コミュニティ)を乱すようなことをわたしたちがしでかしたときだけだ。たとえば、病原性となりうる細菌を取りこむ(在来種ではない生きものを生態系に導入するのと似ている)とか、抗生物質を服用してすべてを壊滅させるとか。

だが、これは最近になってようやくわかってきたことだが、ほかにもうひとつ、腸内細菌がわたしたちのためにしていて、かつ健康を保つうえで絶対に欠かせないことがある。腸内細菌は、わたしたちの免疫系の教育にも役立っているのだ。

「体の要塞」

わたしたちの体を城と考えるなら、皮膚は濠と城壁にあたる。外の世界に対する防御の最前線であり、ここを破られると深刻な問題が起きかねない。細菌などの侵入者が城壁を突破したときには、その先で待ちかまえる免疫系が問題に対処する。

免疫系は細胞、組織、器官からなるみごとなネットワークをかたちづくり、その構成員が協力して侵入者を攻撃して破壊する。なかでも重要な構成員が白血球だ。白血球は骨髄や脾臓といった場所で産生・貯蔵され、人体帝国の僻地にあるリンパ節のような「兵舎」にもたくわえられている。血管と、もうひとつの偉大なる輸送システム、リンパ管を介して体内を循環し、全身をパトロールしながら、問題を起こしそうな侵入者に絶えず目を光らせている。

白血球にはふたつの基本タイプがある。侵入してきた細胞を食べる**食細胞**[用語集]には、**好中球**[用語集]と呼ばれる重要なグループが含まれる。好中球はもっとも数の多い食細胞であると同時に、細菌を標的とする細胞でもある。わたしたちが細菌に感染すると、危険の高まりに反応して好中球の数が増える。第二のタイプの細胞は**リンパ球**[用語集]で、これにはBリンパ球とTリンパ球（**B細胞**[用語集]、**T細胞**[用語集]とも呼ばれる）というふたつのカテゴリーがある。Tリンパ球の名は、心臓近くに位置する免疫器官のひとつ、胸腺（Thymus）で成熟することに由来する。Tリンパ球は扁桃腺（Tonsil）でも産生・貯蔵されている。これは名前をシンプルにしておくという点ではありがたい。どちらのリンパ球も骨髄を出発点としているが、Bリンパ球はTリンパ球とは異なり、そのままそこにとどまる（ちなみにBリンパ球の名は、哺乳類の胸腺に似た鳥類の器官に由来する。鳥の尻、正確には総排出腔の近くに位置するこの器官の素敵な名称は、免疫器官というよりは、古代ローマの巡航客船に乗る高級船員の名のように響く――ファブリキウス嚢 Bursa of Fabricius）。

　このシステムはきちんと動いているときには非常にエレガントだが、おそろしく複雑でもある。定番の説明をしておくと、侵入してきた細胞が認識されるのは、その細胞の細胞膜にある分子がわたしたち自身の細胞にある分子と違うからだ。そうした識別因子を抗原といい、この抗原が感知されると、それに反応して抗体がつくられる。抗体が侵入者の細胞膜にくっつくと、食細胞がその侵入者を殺せるようになる。この免疫系の基本モデルは手堅く、実際にこの方法で多くの細菌を殺せるが、侵入してくる細菌を追いつめるための別のメカニズムもいくつか用意されている。

まず、なんらかの細菌が侵入してくると、補体と呼ばれる特殊な免疫タンパク質がその細菌を標的にする。このタンパク質は抗体を認識して結合し、さらに多くのタンパク質を結集させ、全員で膜侵襲複合体（MAC）をつくる。いわば小さな特殊部隊のようなこのタンパク質の精鋭チームは、侵入者の細胞膜を突破し、最終的にその細胞を破壊する力をもっている。

この一致団結した攻撃をまえにして、細菌がなすすべもなくやられているわけではない。生物とそれに侵入する細菌は絶えず軍拡競争を繰り広げ、エスカレートするその戦争のなかで、自然選択と進化が次なる策とその反撃策を生み出してきた。世代時間〔一個の細菌が細胞分裂して二個になるまでの時間——訳注〕が短く、プラスミド共有などの遺伝的な技をもつ細菌のほうが有利のように思えるかもしれない。実際、ときどきはそのとおりだ。サルモネラ菌などの一部の細菌は、細菌を食べる免疫細胞による殺戮をうまく避け、すでにご存じのような深刻な問題を引き起こすことがある。だが、免疫系の軍拡競争では、対する白血球のほうも、ある技を隠しもっている。細菌を食べる白血球は、取りこんだ細菌のペプチド（アミノ酸の鎖）を自分の外膜で発現する。これは分子の旗のように機能し、知らせを受けたヘルパーT細胞と呼ばれるタイプのTリンパ球が集まり、ある種の分子を放出する。この分子の助けを得て、窮地の白血球が自分の取りこんだ侵入者をやっつけられるようになる。

また、わたしたちの免疫の一部は生まれたときから備わっている。自然免疫と呼ばれるこの免疫にかかわる白血球は、侵入者をかぎとって無力化させるという、単純だが強力な原理にのっとって行動する。自然免疫システムでは、「味方」と「敵」の区別をわざわざ学習しなくても、特定の種類の感染を認識し、それに対処することができる。これはとても便利だ。なにしろ、どんなシステムであれ学習は時間のかかるものだし、急速に数を増やせる細菌の能力を考えれば、たいていの問題に迅速かつ効果的に対処できる汎用戦略を用意しておくに越したことはないだろう。だが、認識できないものが侵入してきたら、このシステムは機能しない。

新手の侵入者に対処する

いっぽう、獲得免疫と呼ばれるシステムを使えば、新手の侵入者に対処できる。ただし、その侵入者にはじめてさらされたときには、必然的に対応の遅れが生じる。Bリンパ球とTリンパ球が用いられる獲得免疫では、膜に「自己」抗原（特殊な分子の旗）をもたない侵入者を有害と認識するように学習する。Bリンパ球は侵入者と結合する抗体をつくり、Tリンパ球とともに攻撃をしかける。このシステムのとびきりすぐれている点は、はじめて出くわした侵入者を記憶できるところだ。あらためて学習しなおす必要がないので、また遭遇したときには前回よりもずっと速く対応できる。

一見すると、免疫系はわたしたちの体内に居をかまえようとする腸内細菌の障壁になりそうだ。わたしたちのもつ免疫の武器が、なんらかの手段により、さして苦もなく腸内細菌を破壊してしまうように思える。かつての通説では、腸内細菌にとってその点がまったく問題にならないのは、腸内細菌がわたしたちの免疫系から本質的に隔離されているからだとされていた。腸内の空間や腸壁にすみつく腸内細菌は、腸壁の保護層を突破して正式に「体」に侵入しなければ、免疫系とは出くわさないのではないか。城の下水道システムには入りこめるかもしれないが、トイレから出てこないかぎり、問題を引き起こしたり兵士に発見されたりすることはないのだろう。そんなふうに考えられていた。だがいまでは、腸内細菌と免疫系がかなり密接かつ重要な接触をもっていることがわかっている。

敵の陣地で生き延びる

マウスの腸を顕微鏡で調べたところ、腸内細菌はその生息場所で免疫系と密接にかかわりあっていることがわかった。腸壁の奥深くにある陰窩と呼ばれる場所では、細菌と免疫系がたがいに連絡をとりあっている。そして、どんな関係でもそうであるように、コミュニケーションは友好的な関係を保つうえで欠かせない。

バクテロイデス・フラジリスはマウスで見られる細菌だが、人間の腸内マイクロバイオータの有益な一員でもある。この細菌は、免疫系に認識される可能性があるにもかかわらず、腸内にとどまることができる。敵対的な仕打ちを受けるかもしれないそうした環境に、細菌はなぜすんでいられるのか。それをめぐる研究で明らかになったのは、エレガントだが複雑な、分子によるコミュニケーションと反応の連鎖だった。

バクテロイデス・フラジリスは多糖A（PSA）と呼ばれる複合糖分子をつくる。複合多糖類は基本構成要素として糖をもつ分子で、これは認識用の分子にはうってつけだ。というのも、とりうる構造が目もくらむほど多様で、そうした構造を細胞が認識できるからだ。このケースでは、細菌表面のPSAは、獲得免疫にかかわるあるタイプの細胞によって認識される。制御性T細胞、もしくは**Tレグ細胞**[用語集]と呼ばれる細胞である。Tレグ細胞は通常、免疫系が自分の体の細胞に反応して攻撃するのを防いでいる。その際には、一部の免疫反応をほどよいところで停止させるという手段をとる。このシステムに問題が生じると、免疫系が味方と敵を区別できなくなり、なんでもかんでも攻撃して自己免疫反応を起こし、ギラン・バレー症候群（第三章参照）、多発性硬化症、狼瘡などの疾患につながることがある。

PSAを感知するのは、Tレグ細胞の表面にあるトル様受容体という受容体だ。トル様受容体がPSAを感知したら、Tレグ細胞が活性化し、ヘルパーT17（Th17）細胞と呼ばれる別のタイプの細胞の活性を抑制する。[原注1] 先ほどの城の比喩をもう少し膨らませるなら、ヘルパーT17細胞は城内にいる狙撃手、Tレグ細胞は守衛と言える。「味方」の細菌が城門に現われると、守衛がそれを認識し、狙撃手に「下がれ、こいつは放っておけ」と伝えるというわけだ。

お祭しのように、免疫系は先ほどのわたしの説明よりもちょっとだけ複雑だ。とはいえ、解決すべき問題の規模と複雑さを考えれば、それはいたしかたない。Tレグ細胞、つまり城門で味方と敵をふるいわける守衛の干渉がなければ、Th17細胞はいつものように炎症反応の引き金を引き、腸壁細胞に抗菌性タンパク質をつくらせ、不法侵入者に対処しようとするだろう。Th17細胞の反応を止めれば、細菌はそうした攻撃を避けられる。この方法なら、食べものと身を守る場所のある腸にとどまりたい細菌と、内部防犯システムがこぞって破壊したがる相手にその食べ物と身を守る場所を与えたい宿主の問題をじつにうまく解決できる。

通常の侵入者が相手なら、Tレグ細胞の表面にあるトル様受容体が反応すると、細菌の排除につながる経路が活性化する。細菌と宿主は共進化をつうじて、宿主が有害な細菌に対しては強固な防犯システムを維持しつつ、同時に有益な細菌を認識できるような方法をひねりだしてきた。わたしたちの獲得免疫はそうした有益な細菌を見わけるすべを学ばなければならないが、ひとたび学習したあとは、有益な細菌が自由にとどまり、双方が恩恵にあずかれるよ

うになる。

バクテロイデス・フラジリスのPSA分子や、Tレグ細胞のPSA受容体もしくはTレグ細胞そのものを取り除くと、状況ががらりと変わる。宿主に「ぼくだよ、どうか殺さないで」と伝えるすべも、休み知らずのTh17細胞の任務遂行を止める手だてもなくなったいま、この細菌は宿主のシステムに有害な侵入者として扱われてしまう。すると、侵入者に対処すべく、堅固な免疫反応が始動することになる。

親密な関係

わたしたちの免疫系はやっかいな敵に直面したときに迅速かつ効果的に反応できるように進化してきたが、同時に柔軟性も発達させてきたようで、そのおかげで、わたしたちは体内で役に立ってくれるさまざまな細菌を受け入れることができる。この腸や免疫系と細菌との関係にかんしては、そこになんらかの関係があるかもしれないという発想自体は四〇年以上前までさかのぼるものの、こと科学的な研究と進展という点ではまだまったくの初期段階だ。この分野の研究は増えつつあり、関係のメカニズムとその意味するところは、今後二〇年かそれ以上にわたって生物医学研究の重要なテーマになるだろう。[原注2] この本を書いているのが二〇三五年だったなら、わたしたちと細菌の関係は複雑できわめて重要であるという基本メッセージこそ変わらないものの、重要さについても複雑さについてもスケールが大きく変わっていただろうと確信している。いまこの瞬間にも、いずれノーベル賞につながる研究をどこかのだれかがしているかもしれない。そう考えるとわくわくするが、現時点でのわたしたちの理解は、多くの点で目をみはるものであるとはいえ、天体物理学の方程式で埋めつくされた黒板を見る幼児と大差ない。それを思うと、冷や水を浴びせられたような気分にもなる。

人間にとって有益なマイクロバイオータとわたしたちの免疫系は、有益な微生物が大目に見られるように協力しているが、そのいっぽうで、病原性細菌が姿を現したときに免疫反応をしかけられるようにしておくことも重要だ。免疫系はいわばナイトクラブのドアマンのように、「全員入れる」と「全員締め出す」のあいだでうまくバランスをとらなければならないが、クラブのオーナー（この比喩では宿主の体）のほうも、じゅうぶんな数のドアマンを確保しておく必要がある。お察しのとおり、腸内細菌と免疫系の関係は、認識と学習で終わるわけではない。炎症反応の一翼を担うTh17細胞をご記憶だろうか？　じつは、腸壁でのこの細胞の形成が腸内マイクロバイオータにおける特定の細菌の存在量と深くかかわっていることがわかっている。それどころか、腸内マイクロバイオータの組成が腸壁のTレグ細胞とTh17細胞のバランスを調節し、そうした仕組みをつうじて、正常で健康な腸内マイクロバイオータが腸の免疫、寛容性、感受性にかんして重

要な役割を果たしていることを示唆する研究結果もある。[原注3]

暖炉の燃えさし

そんなわけで現在では、わたしたちのマイクロバイオータが免疫系の発達と調節にかんして信じられないほど大切な役割を担っていることがわかっている。[原注4] これはホメオスタシス（生体恒常性）についても同様である。ホメオスタシスとは、生体系の安定を保つプロセスを指すものとして生物学者が使っている用語だ。このホメオスタシス機能の一部は、腸内マイクロバイオータとTh17細胞およびTレグ細胞形成の結びつきをつうじて遂行される。ある科学論文には、それを説明する楽しい比喩が登場する。科学論文執筆中の細菌学者には通常あまり見られない詩情あふれる文章のなかで、著者らは宿主の免疫系を家に、有益なマイクロバイオータを暖炉の燃えさしになぞらえている。ホメオスタシスが維持された状態では、燃えさしは赤々と輝き、つねに最小限の熱を家に供給しているが、免疫反応が必要になると、もっと強力な炎をつくる手助けをする。[原注5]

ときに家が焼け落ちるのはなぜ？

健康な平衡状態にあるときには、腸内細菌はあなたの免疫系にとって不可欠な存在であり、実質的に免疫系の一部であると言ってもまったく過言ではなさそうだ。しかし、何かがうまくいかなくなったとき、つまり燃えさしが燃えあがって真夏に家を暖めたり、家を丸ごと炎に包みはじめたりしたら、どうなるだろうか？　研究が進むにつれ、一見するととりとめのない一群の疾患と腸内細菌との結びつきが明らかになりつつある。これには肥満とアレルギー（第八章と第九章で扱う）も含まれるが、腸内マイクロバイオータと免疫系にもっとも強く結びついている疾患が、クローン病と潰瘍性大腸炎である。このふたつはまとめて炎症性腸疾患（IBD）と呼ばれる。

クローン病は消化系の内壁が炎症を起こす長期疾患だ。口から肛門までのどこにでも症状が出る可能性があるが、もっとも一般的な発生場所は回腸（小腸の最後部かつ主要区間）と大腸で、じつに興味深いことに、そのふたつはとりわけ豊富で多様な細菌を宿している部位でもある。クローン病は下痢、腹痛、粘液まじりの血便、体重減少、極度の疲労感など、さまざまな症状を引き起こす。こうした症状は腸に損傷をおよぼし、除去や修復のために手術が必要になることもある。寛解期には症状が軽くなり、場合によっては完全に消えることさえあるが、しばらくすると結局は再燃し、少なからぬ問題を引き起こす。クローン病を抱えて生きるのは掛け値なしにつらいものだが、先進国ではその発生数と有病割合が増えつつある。[原注6]

ここで、本書執筆時点ではクローン病の原因がまだよくわかっていないことをはっきり伝えておくほうがいいだろう。現時点でわかっているのは、なんらかの未知の要因、もしくは複数の要因の組みあわせが引き金となって免疫系が腸内で炎症反応を起こし、それが暴走してクローン病の特徴である症状を誘発する、ということだ。燃えさしの比喩をまた使うなら、太陽がさんさんと輝き、窓が開け放たれ、ラム酒ベースのさわやかなカクテルが注がれているのに、暖炉では赤々とした燃えさしが燃えあがり、いまやカーテンを燃やしかけている状況である。

細かい部分はまだ調べる必要があるものの、この疾患を理解するためのモデルに三つの要因を組み入れることについては、おおかたの意見が一致しているようだ。その三つとは、遺伝、環境刺激、そして腸内細菌の担う大きな役割である。それぞれが独立した要素として共働していると考えたくなるが、この三つはいくぶんもつれあっている。それを理解するためには、まずわたしたちの遺伝子について考える必要がある。

遺伝がすべてを決める？

これを知ったら一部の人の世界観と自己認識が崩れてしまうかもしれないが、「あなたらしさ」なるものの大部分は純然たる遺伝の産物である。これは生物学的決定論の宣言でも自由意志の否定でもなく（もっとも、わたしたちが日々の暮らしのなかでしていることの大部分は自由かどうか疑わしいが）、たんに事実を述べているにすぎない。あなたはＤＮＡがコードする遺伝情報の結果として発達した、実体のある有機的な存在だ。たしかに、あなたの重要な個性のいくつかは、この遺伝的背景、つまり**遺伝子型**用語集と育った環境との相互作用から発達したものだが、生理的、解剖学的、生化学的な特徴の多くは遺伝子のなかにあらかじめ固定されており、それについてわたしたちにできることは、いまとなってはあまり多くない。炎症性腸疾患（ＩＢＤ）と遺伝子型の関連をめぐる研究では、一部の人が遺伝的にこうした問題を起こしやすいことがわかっている。

人間のなんらかの生理機能、病理、もしくは行動特性とゲノムとの関連を伝えるニュース記事では、「これこれの遺伝子を発見」のような見出しがよく使われる。だが現実には、行動や免疫系などの複雑な生物学的現象は多遺伝子性である。つまり、多くの遺伝子の影響を受けるということだ。たいてい、「これこれの遺伝子が発見された」という言いまわしは、「複数の遺伝領域がかかわる遺伝的関連が裏づけられた」を意味するジャーナリスト流の省略表現であり、ＩＢＤのケースでは、これは単純化も甚だしい。というのも、これまでの研究では、ＩＢＤに関連する遺伝領域が一六〇超も見つかっているからだ。興味深いことに、クローン病と潰瘍性大腸炎では遺伝的に重複する部分がきわめて多く、このふたつの疾患が実際には近い関係にあり、体内に共通の生物学的経路をもつことが強く示唆されている。

ひとつひとつをとってみると、ＩＢＤに関連する遺伝領域は、その人の発症確率にかんしてごくわずかな影響しか与えていない。ひとつひとつの遺伝領域の影響を全部ひっくるめて考慮した場合でさえ、特定の遺伝子プロファイルをもつ人がＩＢＤを発症するか否かを判定する絶対確実な方法にはならないだろう。そうした遺伝的知識から得られるのは、ＩＢＤに関係するさまざまな生物学的経路にかんする情報である。そしてそれは、研究者がさらなる知見を探すべき場所の

手がかりになる。[原注7]

細胞内でどの遺伝子が活発に利用されているか、つまり「発現」しているかを特定することは可能だ。そして、免疫系を構成するさまざまな細胞におけるＩＢＤ関連領域の遺伝子活性を調べたところ、もっとも多く遺伝子が発現していたのは、細菌の侵入を食い止める体の防御の最前線にかかわる細胞だった。さらに、ＩＢＤ関連領域をほかの疾患と比較するアプローチでも、免疫系とＩＢＤの密接なつながりを示す証拠が得られている。このアプローチでは、ＩＢＤに関連する遺伝領域の七〇％が乾癬や強直性脊椎炎のような複合疾患と共通していることが明らかになった。このふたつはいずれも、ＩＢＤと同じく、炎症により生じる疾患である。ハンセン病と結核のかかりやすさ（感受性）に関連する遺伝子が存在する遺伝領域との比較では、さらに興味深い知見が得られた。このふたつの疾患はマイコバクテリウム属菌の感染により生じるが、これらの疾患の感受性遺伝子とＩＢＤに関連する遺伝領域もかなり重複していたのだ。

正確な詳細についてはまだ研究が続いているものの、たしかにわかっているのは、ＩＢＤにかんしては遺伝要素が強いことだ。実際、家族のＩＢＤ病歴は、知られているかぎりでは最大のリスク要因である。ＩＢＤを発症した近親者（親、兄弟姉妹）がいる人は、一〇人に一人の確率で自分も発症する。それに対して、一般集団でのＩＢＤ発症率は一万人に一人だ。[原注8]

わたしたちの免疫系のレシピはＤＮＡに書きこまれており、一部の人では、潜在的に危険ないくつかのタイプミスが含まれることが判明している。そのレシピでも、だいたいにおいて正しい見た目、味、においのケーキをつくれるかもしれないが、場合によっては、オーブンが火を噴いてキッチンが焼け落ちる事態につながることもある。いったい何が免疫系を暴走させる引き金になるのか、その正確なところについては、まだ熱い論争が交わされている。この点でも、やはりメディアは単純な曲を奏でたがる。そんなわけで、ＩＢＤ、とりわけクローン病発症の引き金(トリガー)として食生活、喫煙、ストレスを責める見出しが世にあふれることとなる。だが実際のところ、複雑な遺伝的背景とそれに劣らず複雑な体内環境を考えれば、さまざまなトリガーが原因になっており、そのトリガーが人によって違うという可能性もじゅうぶんにある。とはいえ、環境面でのＩＢＤのトリガーをめぐる議論がまだ続いているいっぽうで、ＩＢＤにおいて腸内マイクロバイオータが果たしている大きな役割については疑いの余地がなくなりつつある。

原則を越えて

病気はおそらく微生物により引き起こされるという、医学における従来の疾患の理解には、少なくとも歴史的には確たる裏づけがあり、これはコッホの原則として知られるようになった。ロベルト・コッホは細菌研究の父と言われるドイツの医師で、結核、コレラ、炭疽の原因となる細菌を発見した功績を称えられている。コッホは研究をつうじて、特定の微生物と特定の病気を結びつけるための四つの基準を定めた。この基準――もしくは原則――は、二〇世紀における疾患をめぐる生物医学研究の指針となった。当時のコッホには知りえなかったＤＮＡや**遺伝子発現**[用語集]といった要素を入れた改訂版の原則に置き換えられている部分は多いものの、にもかかわらず、コッホの原則の論理体系が有益であることはいまも変わらない。その原則はこうだ。特定の病気にかかっている者において、健康な者では見られない特定の微生物が大量に見つからなければならない。病気にかかった者からその微生物を分離し、培養できなければならない。培養した微生物を健康な者に感染させたときに、その病気が引き起こされなければならない。その後、この実験で新たに感染した宿主から、同じ微生物を分離し、培養できなければならない。

　腸内細菌はいまも続々と発見されており、その多くはまだ培養できていない。したがって、ＩＢＤの原因候補とされる細菌がなんであれ、コッホの原則を満たすのは難しいだろう。実際、これまでのところ、原因と特定された細菌はまだない。とはいえ、途方もない数の「既知の未知」が存在し、「未知の未知」がいる公算もきわめて大きいことを考えれば、なんらかの細菌種がＩＢＤの原因である可能性は否定できない。これまでにさまざまな種が原因として提案されており、たとえばウシで同様の病気を引き起こすマイコバクテリウム属菌、大腸菌の特定の株、リステリア菌などの好冷菌が挙げられている。だが、かなりの資金をもってしても、このシナリオの裏づけには至っていないと見える。どうやら、わたしたちのマイクロバイオータとＩＢＤとのつながりは、単純な「ひとつの細菌」による原因と結果に帰結するものではなく、むしろ微生物群集の全体としてのバランスが関係しているようだ。

この群集に注目するアプローチの一例が、六五〇人超を対象とした二〇一四年の研究である。この研究では、クローン病と関連しているのは、腸内細菌科、パスツレラ科、ベイロネラ科、フソバクテリウム科の細菌の増加、およびエリシペロトリクス目、バクテロイデス目、クロストリジウム目の細菌の減少であることが示された。もうひとつの興味深い点は、抗生物質への曝露により、クローン病に関連する細菌バランスの乱れがいっそう大きくなることである。つまり、抗生物質はクローン病をよくするのではなく、悪化させる可能性があると考えられる。この研究論文の著者らはさらに一歩踏みこみ、小腸、直腸、大便中の微生物の比較は手軽な早期診断方法になる可能性があると主張している。[原注9]

調停者に祝福を

「ひとつの細菌」のような決定的証拠が見つかる可能性は低そうだとはいえ、あるひとつの細菌は、たしかにクローン病に深く関係している。もっと正確に言えば、関係しているのは、その細菌の不在だ。健康な腸に豊富に存在するフィーカリバクテリウム・プラウスニッツイは、クローン病患者の腸ではきわめて少なくなることがわかっている。この細菌種は調停役を担う細菌として知られ、マウスと試験管内の実験では、ほかのいくつかの種とともに、フィーカリバクテリウム・プラウスニッツイが腸内マイクロバイオータの一員として強力な抗炎症作用を発揮することが明らかになった。こうした調停者は腸内壁を覆う健康な粘液層の維持を助け、城壁が傷つかないように守っている。また、免疫系をなだめるのにも貢献している。腸壁の粘液層にすむこの細菌は、たいていのときはわたしたちに消化できない食物繊維を発酵させているが（詳しくは第一〇章で）、周囲にそれがない場合には、粘液そのものに含まれる糖も消化できる。

生態学的観点から見てとりわけ興味深いのは、調停役を担う細菌が粘液産生を刺激できると見られることである。わたしたちはまさに文字どおりの意味でこうした細菌と協定を結び、食事と粘膜産生をつうじて栄養を供給している。それが別の有益な細菌の増殖を促進し、潜在的な敵を駆逐して結腸細胞への接近を防いでいるのだ。同時に、そうした調停役の細菌のなかには、炎症を防ぎ、わたしたちの免疫系を調整しているものもいる。[原注10] これは精妙な生態学の物語であり、現在進行形で絶えず展開している。そしてこの物語から、いくつかの自明とも言える「生態学的」療法が浮かびはじめている……。

テニスをしたい人は？

あなたの腸内細菌を、芝生に生える植物だと想像してみてほしい。ここで言う芝生とは、ウィンブルドンみたいに手入れが行き届き、きれいな縞模様になったモノカルチャーの芝ではなく、どちらかと言えば、多くの人が自宅の裏口の外に生やしているたぐいの草の区画だ。その「草」に目を向けると、実際には驚くほどさまざまな植物種が頭をつきだしていることに気づく。一般に草と言われるいくつかの種に加えて、クローバー、タンポポ、ヒナギク、さらには花を咲かせたときにしか気づかないような、あまりなじみのない植物もいる。遠目には均質で単純なものに見えても、近づいてみると、じつは多様な生物からなる複雑な生態系であることがわかる。好みのうるさい庭師でもないかぎり、わたしたちは芝生の構成よりも、それが役に立つかどうかに関心を向ける。ここで子どもたちがサッカーをできる？　眺めていたらよい気分になる？　愛犬のトイレになる？　群集全体の機能がしかるべき状態であれば、厳密な種の構成は問題にならない。だがときどき、わたしたちの芝生のバランスを乱す何かが起きる。たとえば、草が枯れてタンポポが幅を利かせはじめるとか。かつてはところどころに散らばる歓迎すべき彩りだったものがいまや雑草として大暴れし、芝生はもはや眺めていて楽しいもの、あるいはサッカー場ではなくなってしまう。種の構成が変わった結果、群集の特性が変わり、あまり好ましいものではなくなってしまったのだ。

わたしたちの腸内マイクロバイオータにも同じことが言える。二〇一四年の研究では、ＩＢＤ患者の腸内細菌群集がはっきり変化していることが明らかになった。[原注11] タンポポにあたる一部の細菌が数を増やし、草にあたるほかの細菌が減り、通常の健康なバランスに乱れが生じるのだ。普段なら免疫系に大目に見てもらえる「よい」細菌が突如として標的になるいっぽうで、「悪い」細菌が繁栄できるようになる。それと同時に、免疫系は「脅威」と感じとったものに反応し、炎症を引き起こす。直接的な免疫反応に加えて、細菌群集が変化すると、数を増やした細菌がそれまでとは違うやり方で未消化の食べものや部分的に消化したものを発酵させるので、腸の生化学的環境も変化する。

すべての道は腸内細菌に通ず

こと病気にかんしては、わたしたちはきれいにまとまった物語を好む。だれかに症状が出たら、原因を解明し、治療法を考え出す。不確かさ、とりわけ「よくある」（少なくとも、よくあると認識されている）うえに発生頻度が増えているように見える病気にかんする不確かさは、無理もない話だが、わたしたちを不安にさせる。人類の技術は大きく進歩しているのだから、なんでも解決できるはずだ。わたしたちはそう思ってしまいがちである。ＩＢＤの問題は、症状の出る人が増えつづけ、そうした症状とその意味するところについてそれなりに理解が進んでいるにもかかわらず、明快な答えがいまだに見つかっていないことにある。すべての道は腸内細菌に通じているように見えるが、そうであったとしても、状況はわたしたちが望むほど単純ではなく、どうやらたったひとつの「悪い」細菌のせいというよりも、群集レベルでのバランスの乱れに原因がありそうだ。ＩＢＤの治療に際しては、抗生物質を使いたい誘惑に駆られるし、実際に軽度の症状を示す患者ではそうした治療方針がとられることが多い。しかし、この方法でさえ、かならずしも効果があるわけではない。というのも、このアプローチはバランスを回復させるどころか、すでに乱れている生態系にクラスター爆弾を落とすようなもので、場合によっては症状をいっそう悪化させるおそれがあるからだ。少なくとも一部の研究では、それが示唆されている。[原注12]結局のところ、わたしたちはいまだにＩＢＤの原因がよくわからず、そのせいで治療もできない状況に置かれている。よい知らせは、目的地に近づいてはいることだ。だが、まだとうていそこまでたどりつけていない状況は、患者にとっては悪い知らせだろう。

敏感すぎる？

ＩＢＤのほかにもうひとつ、わたしたちの腸で問題を引き起こす略語がある――ＩＢＳ、すなわち過敏性腸症候群だ。症状だけ見ると、このふたつを同種の病気と考えてしまいたくなる。たとえば、どちらも腹痛と下痢を引き起こす。だが実際には、このふたつはまったくの別物である。機能障害に分類されることもあるＩＢＳは、かなりの苦痛を引き起こすものの、それほど深刻な疾患ではない。思い出してほしい。ＩＢＤは、場合によっては手術でしか修復できないほどの損傷を腸に与える。これはＩＢＳにはあてはまらない。ＩＢＳのほうは、腸はおおむね無傷だが、本来あるべきかたちではたらかない。この機能障害から生じる症状としては、痛みをともなう腹部けいれん、膨満感、鼓腸、粘液便、下痢（もちろん、これはほぼあらゆる病気にともなう）、それとは逆に便秘などがある。ＩＢＳは慢性疾患だが、進行にはむらがあり、再発と比較的落ちついた期間を繰り返すのが一般的なパターンだ。ストレスが再発の引き金になることは実証されているが――ここで警報音をどうぞ――抗生物質の使用がきっかけになる場合もある。[原注13]

ＩＢＤにおける細菌の重要性が証明されていることを考えれば意外ではないだろうが、ＩＢＳにも細菌が影響をおよぼしていることがわかっている。それどころか、ＩＢＳではその影響はさらに「生態学的」であり、いくつもの研究をつうじて、わたしたちの体内にある隠れたつながりと複雑さが明らかになり、各種の重要な制御システムと腸内細菌との結びつきが示されている。その影響は、わたしたちの脳や世界の知覚の仕方にまでおよぶ。たとえば、ＩＢＳ患者は不安やうつの傾向が強く、ＩＢＳを患っていない人に比べて痛みの閾値が低い。[原注14]ちなみに、この痛みの閾値はバルーン拡張試験によって測定される。バルーン拡張試験というのは、だれかがあなたの腸内でバルーンを膨らませ、そのだれかにどれくらい痛いかを伝えるという手法をあたりさわりなく表現した言葉だ。そうした心理的な痛みに関連する明白な徴候からすると、腸内の変化は、トイレに行かなければならない頻度とそのときの不快さにとどまらない、はるかに大きな影響を生んでいる可能性がある。

最近では、一部の研究者がＩＢＳに関連する長期的な腸の機能障害を説明するモデルを提唱している。そこで起きる一連の事象は長くて複雑だ。要約すると、このモデルでは、そうした連鎖反応がなんらかの引き金となるできごとにより始動するとされている。引き金は感染かもしれないし、ストレスや抗生物質の使用かもしれない。その引き金により、ディスバイオシスが生じる。ディスバイオシスとは、わたしたちの体、このケースでは腸内の細菌群集のバランスが有害なかたちで乱れることを意味する。有益な細菌のかわりに有害な細菌が増殖し、それによりわたしたちの生理機能、つまりは体のはたらきかたが微妙なスケールで変わる。ＩＢＳにともなうディスバイオシスは、食べものを運ぶ際の腸の収縮の仕方（腸管運動）、ホルモン分泌、腸壁による粘液産生の変化を引き起こす。そうした変化が積み重なり、全体として腸の化学的・物理的な生息環境が変化する。先ほどのたとえで言えば、いきなり芝生が日陰になったり、スプリンクラーが動き出したりするようなものだ。その新しい条件により、それまでとは違う腸内細菌の種や株が選択され、腸内のマイクロバイオータ群集が不安定になる。この不安定さが腸内の生息環境をさらに変化させ、それがまたマイクロバイオータのさらなる変化につながり、かくして永続的な好ましくないサイクルができあがる。その結果が、慢性的な腸の機能障害と不安定なマイクロバイオータ群集というわけだ。[原注15]このＩＢＳモデルはさまざまな動物と人間の研究から

得られた知見と臨床試験を組みあわせて構築したもので、まだ完全には立証されていないが、どこからどう見ても、これを提唱する研究者らが正しい路線を進んでいることはまちがいなさそうである。

腸内細菌と腸の健康とのつながりは、直観的に正しいと感じられる。しかし、IBSの研究をきっかけに、いっそう興味深い、だが直観的に理解できるとはとうてい言えない状況が明らかになりつつある。無菌マウス[原注16]と普通のマウスを対象にした研究では、不安にともなう行動が腸内細菌の状態と関連しており、腸内マイクロバイオータを操作すればマウスの行動を変えられることが明らかになった。腸内細菌はマウスの脳の化学的性質にも影響をおよぼし、学習、記憶、情動行動を変化させることもわかっている。驚いたことに、ある研究では、糞便移植（FMT、これについてはのちほど）により一群のマウスから別の群のマウスに腸内細菌を移植した結果、ドナーの行動特性がレシピエントに「移植」された。[原注17] こうした知見は、人間のIBS患者で見られる痛みの閾値の低下や不安の増加とあいまって、腸内細菌がわたしたちにおよぼす影響をめぐる興味深い研究課題を続々と浮かびあがらせている。すばらしき細菌の新世界にようやく足を踏み入れ、腸内細菌は想像以上に複雑だと認識しはじめたと思ったら、早くも別の宇宙へ続くワームホールに放りこまれ、「おなかのなかの細菌がおなかの問題を引き起こす」という子どもじみた解釈をはるかに超える理解を迫られているような状況だ。細菌はわたしたちの考え方、行動、感じ方を変えているのかもしれない。腸と脳のつながりについては、第九章でもっと詳しく見ていく。

複雑な世界がそこにある

ＩＢＤはわたしたちの腸内の細菌群集にかんして貴重な教訓を与えてくれている。腸内細菌に対しては、「コッホの原則」、つまりひとつの病気とひとつの細菌を結びつけるアプローチをとるべきではないようだ。もっとも、消化性潰瘍の原因解明をめざす長きにわたる探索のすえに、バリー・マーシャルがコッホの原則にのっとってヘリコバクター・ピロリ入りの不快なドリンクを飲み干したような例もあるが。ただひとつの細菌が原因である可能性は残されているものの、ＩＢＤが腸内細菌の生態学的な乱れから生じていることを示す証拠は着々と増えつつある。おそらく、喫煙やストレスなどのなんらかの要因が引き金となり、かつ複雑な遺伝的感受性が土台にあるのだろう。わたしたちになじみのある哺乳類や鳥類や昆虫の「大きな」世界でも相互作用は複雑なもので、一世紀以上にわたって研究されてきた単純な生態系でさえ、新しい種を導入した場合の影響はなかなか予測できないことが多い。わたしたちの腸の複雑な生態系の研究は、まだはじまったばかりだ。それを思えば、腸内生態学者の理解が追いついていなくても当然なのかもしれない。とはいえ医学の世界では、健康のこの側面に対するアプローチがはっきり変わっていることがすでに見てとれる。たとえば、混乱した腸内生態系を修復するだけでなく、わたしたちの内なる芝生の健康を保つために「草とり」や「栽培」をしたり、好ましい平衡状態をつくるために新しい種を移植したりしたら、どうだろうか？　だが、腸内の「耕作」と食糞の話をするまえに、わたしたちの内なるお客と健康との驚くべきつながりやその影響について、ほかにもいくつか考えておくべきことがある。

第八章

食事じゃないんです、先生、細菌のせいなんです

この章では、細菌と肥満の関係、統一見解のイルカ、ベンジャミン・フランクリンの知恵について考える。ちなみに、わたしたちが太っているのは断じて細菌のせいではない。

わたしたちの腸内マイクロバイオータは、消化系の健康に広く影響をおよぼしているかもしれない。その考え方は机上の拡大解釈ではなさそうだ。たしかに、IBDもIBSもまだ正確な原因はわかっていないが、全体像が複雑であることは認識されはじめている。また、これらの疾患、とりわけIBDにかんして、一に原因を、二に治療法を追い求めている人たちが細菌をしっかり視野にとらえていることもまちがいない。最近では、別の健康問題でも細菌の関与が指摘されている。肥満やアレルギーの増加のような、当初は細菌とはあまり関係なさそうに見えていた問題だ。ところが、内環境をめぐる知識で武装し、内なる世界に対する生態学的な視点でさらに守りをかためてみると、その関係は突如としてさほど荒唐無稽なものには見えなくなる。

アレルギーには次章で触れるが、とりあえず、あらゆる意味で最大の問題からはじめよう。肥満はBMI（ボディマス指数、体重〔キログラム〕を身長〔メートル〕の二乗で割った数値）三〇を超えた状態を表すたんなる医学用語だが、今回

ばかりは単刀直入かつ正直に、この症状をありのままに表現することにしよう——つまりは、太っている状態、ということである。

細身・機敏・屈強から太め・鈍重・軟弱へ

体が太り、その状態にとどまるというのは、要は食べすぎている、もっと正確に言えば、消費するよりも多くのエネルギーを摂取しているということだ。われわれ人類がみごとに進化させた生理機能は、饗宴と飢饉の入り混じる生涯に適応したもので、必要以上にごちそうを楽しめるときでも絶えず将来の飢饉を警戒し、余剰分を脂肪としてたくわえる仕組みになっている。脂肪はいわば備えつけのエネルギー備蓄テクノロジーだ。そして、獲物をしとめてはそのあいまをベリー類、堅果、根菜で埋め、狩れるもの、採集できるものならなんでも食べて命をつないでいた活動的なわたしたちの祖先にとって、この備蓄テクノロジーはとびきり効果的なものだったにちがいない。現代のライフスタイルはそれとはまったく違う。基本的に座りがちで、さらに悪いことに、その座りがちな現代のわたしたちを、脂肪と糖質のつまったカロリーたっぷりのおいしそうな食品が取り囲んでいる。当然のなりゆきとして、わたしたちは必要以上に食べることになる。すると、みごとに適応したわたしたちの生理機能は、こちらの意に反して、未来の飢饉に備えて余剰分を皮膚の下にためこむ。だが、その未来が現実のものになることは絶対にない。かつては細くて機敏で屈強だった人類は、純然たるライフスタイルの選択の結果、太くて鈍重で軟弱になってしまったのである。

昨今では肥満が流行病として語られることが多くなっているが、この問題の規模の大きさをじゅうぶんに理解するために、世界保健機関の提供する最近のファクトと数値を噛みくだいておく価値はあるだろう。[原注1]

全世界で見ると、肥満は一九八〇年からほぼ倍増しており、なんともひどい話だが、いまや世界人口の六五％は食料不足よりも過食のせいで死亡する人のほうが多い国に住んでいる。二〇歳以上の成人の三五％は過体重で、一一％は医学的に肥満と見なされる状態だ。さらに、二〇一一年には四〇〇〇万人を超える五歳未満の子どもが過体重だった。子どもの肥満はとくに懸念すべき問題である。これは虐待の一形態であり、とりわけ悪影響が大きいと主張する人もいる。というのも、こうした悪影響は、有害な食習慣の定着、さらには栄養不足を助長する文化をつうじて、世代をまたいで根強く残る可能性が高いからだ。

細菌を責めてはいけない

肥満は完全に予防できる医学的症状であり、細菌の役割についてこれからわたしが話そうとしている内容のどれをとっても、その単純な事実を変えるものではない。あなたが太っているのは、体内に「悪い」細菌がいるせいではない。あなたが太っているのは、あなた自身とあなたの内環境にとって悪い食事をしているせいである。まあ要するに、腸内細菌を「代謝の悪さ」とか「悪い遺伝子」にかわる新手の標的みたいに扱ってはいけない、あなたの服がまた縮んでしまったからといって細菌を責めてはいけない、ということだ。とはいえ、どうやら腸内細菌はわたしたちの食物の処理に一枚嚙んでいるようであり、したがって肥満へと至る体内の一連のできごとに関係している可能性がある。ただし、これだけは忘れないでほしい。その体内の一連のできごとは、あなたが口に入れるものを燃料にして動いているのだ。

統一見解という名のイルカ

近年、肥満と細菌の関連をテーマにした研究が数多くおこなわれているが、本書で論じていることの大部分と同じく、これについても、間断なく発表されているかに見える混沌とした証拠と反証、理論と反論から明快な全体像を描き出すのはなかなか難しい。ときどき、よくある3Dポスターを見ているような気分になることがある。ふとした瞬間にイルカや妖精のお城がくっきり像を結ぶものの、すぐにまた消え去り、どれだけ目を寄せても何も見えないカオスにとってかわられてしまう、あの手のポスターだ。肥満の簡単な解決策という誘惑と、悲しいかな、あまりにも多くの人にとってそれが意味をもつ現状は、弱った子ジカに群がる飢えたオオカミもかくやというほどメディアをこの話題に引き寄せている。メディアが科学を消化し、うんことして出すころには、たいていの場合、理にかなった結論をぶらさげられるようなものは何ひとつ残っていない。それでも、でたらめな色のカオスのなかから、統一見解という名のイルカが姿を現わしはじめている。

そのできあがりつつある統一見解を補強し、かつ実証する研究が、大西洋をまたいで協働するコーネル大学とキングス・カレッジ・ロンドンの科学者チームによって実施された。ジュリア・グッドリッチ率いるこの研究の対象になったのは双子、具体的には一七一組の一卵性双生児と二四五組の二卵性双生児、そして一〇〇〇個を超えるうんこのサンプルである。[原注2]

双子の研究は、遺伝子、環境、そしてこのケースでは内環境の影響を解き明かしたい科学者にとっては強力なテクニックだ。もっとも単純な形式の双子研究では、一卵性双生児が遺伝的にまったく同じであるのに対して二卵性双生児はそうではなく、どちらも同じ環境で育っている可能性が高いという事実が利用される。つまりは、そうした遺伝と環境面の類似と相違をもとに、観察された差異を分析し、その差異の発生における遺伝子、環境、もしくは両方の組みあわせの影響をつきとめるというわけだ。

この基本的枠組みには、いくつか紛糾のタネがある。たとえば、現実の世界では「環境」の影響を特定し、測定するのはおそろしく難しい。双子研究における究極の夢は、誕生時に生き別れた双子がのちに再会して研究に参加する、というものだ。そうした双子では、遺伝子は同じだが、環境（生まれならぬ育ち）はたいてい大きく異なる。当然のことながら、そうしたケースは、まったく知られていないわけではないものの、めったにない。また、これはかならずしも双子研究では大きな問題にならないが、一卵性双生児の遺伝子は実際にはまったく同じというわけではない。この意外な事実は細菌とはなんの関係もないが、脇道にそれるのを正当化できるくらい興味深いものではある。

受胎の瞬間には、ひとつの卵子が受精し、受精卵と呼ばれるものが形成される。普通なら、そこからひとつの胚ができる。だがときに、受精卵が分裂し、遺伝的にまったく同じふたつの受精卵を形成し、そこからふたつの胚ができることがある。こうして、一卵性双生児が生まれる。二卵性双生児は、別々に受精したふたつの卵子から生じたふたつの受精卵から生まれる。だが、ひとつだった受精卵がふたつにわかれたそのときから、一卵性双生児は別個の存在になり、子宮内の環境のわずかな違いにさらされ、体の発達の仕方に無作為の小さな変化が生じる。そうした環境の違いは、たとえば指紋の違いにつながるが、双方のDNAでも変化が起きることがある。

単細胞の受精卵が育ち、細胞が分裂するときには、その新しい細胞に組みこむ新しいDNAの複製をつくらなければならない。このDNAの大量複製は、体細胞突然変異と呼ばれる（子孫に受け継がれる生殖細胞ではない体細胞で起きることに由来）小さなエラーにつながる。発達の初期に起きる突然変異は、細胞分裂をつうじて、最終的にできあがる体の多くの細胞に行きつく。ある研究によれば、典型的な一卵性双生児ではそうした初期発達段階の突然変異が三五九回にのぼり、それが

双子を遺伝的に隔て、ひいてはがんなどの疾患にかんする遺伝的傾向を異なるものにする可能性があるという。[原注3]

だが、そろそろ一〇〇〇個のうんこサンプルに戻ろう。研究チームはサンプル中に存在する微生物の遺伝子配列を解析し、一卵性双生児と二卵性双生児で比較した。その結果は興味深く、かつ使い勝手のよいものだった。というのも、腸内細菌やその肥満との関連について、すでに得られている知識の大部分をみごとに要約していたからだ。

腸内細菌群集は二卵性双生児よりも一卵性双生児のほうが似かよっており、解析の結果、その群集のさまざまな面が腸の持ち主の遺伝的特性による影響を受けていることがわかった。この結果は、わたしたちが「わたしの」腸内マイクロバイオータと言うときのひとりじめ感が的はずれではないことを示した別の研究を裏づけている。腸内マイクロバイオータには人によって大きな差がある。そして、同じ人でも時とともに変わることがあり、実際に変わっているものの、わたしたちの内なるコミュニティには遺伝子と結びついたその人独自の特徴があるのだ。

内なる安定

安定は生態学的にはやっかいな概念で、これはそもそも安定の意味するところを定義するのが難しいことに原因がある。生態学における安定を表すときによく使われる比喩が、道路や工事現場に置くカラーコーンだ。学生がやたらとカラーコーンにこだわるのは、生態学的に安定した状態を示す比喩を探究したいという欲求につきうごかされているからにちがいないとわたしは思っている。安定とは、ひとつには、そのシステムが変化に抵抗することを意味する。言いかえれば、わたしたちがいじりまわしても、そのシステムは反応しないということである。もちろん、破局をもたらすひと押しを加えないかぎりにおいて、という条件はつくが。完璧に安定なものなど存在しない。ここで思い浮かべてほしいのは、基部を下にして立っているカラーコーンだ。そのコーンを引っくり返すことはできるが、そうするためにはかなりの力を加える必要があり、たいていの状況ではコーンは変化に抵抗し、まっすぐ立った状態を保つ。要するに、わたしたちの腸はまっすぐ立ったカラーコーンということか？　すでにご存じのように、抗生物質を摂取すると、腸内マイクロバイオータは変化する。つまり、このシステムはどんなときでも変化に抵抗するわけではない。だが、抗生物質の摂取は、森に火を放つような極度の生態学的な乱れに等しい。いつもと違うものを食べるといっ

不安定なコーン

どっちつかずの
コーン

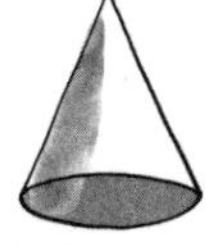
安定したコーン

たもう少し小さな攪乱なら、ほぼなんの影響もおよぼさないだろう。したがって、わたしたちの腸内マイクロバイオータはある程度までなら攪乱に抵抗できるが、特定の極端な状況では引っくり返される場合もある、ということになる。

システムが回復力を見せるケースもある。これはつまり、乱されてもすぐに以前の状態に戻るということだ。カラーコーンを寝かせて置くと、それと似たような安定状態になる。コーンを押して転がすことはできるが、全体としてはコーンは同じ状態、つまり寝かせた状態にとどまる。ただし、コーンの位置は変わるかもしれない。複数の人の腸内細菌を長期的に調べたところ、同じ人から別々のときに採取したサンプルは、別の人のサンプルと比べた場合よりも類似性が高かった。しかし、「類似性が高い」は「まったく同じ」と同義ではない。実際、なんらかの攪乱によって変化が生じる（カラーコーンの位置が変わる）ことはある。[原注4] だが、安定した平衡状態なるものが存在し、腸内群集はそちらのほうへ引き寄せられるようだ。その状態に回復した腸内マイクロバイオータは、機能的には同じである（同じ仕事をする）ものの、一部の細菌種を失ったり獲得したりしており、攪乱前とは比率も異なる可能性がある。生態学的に言えば、この群集には「機能回復力がある」ということになる。

細菌と肥満の関係とは

前述の双子の研究では、遺伝的成分がもっとも大きい細菌、つまりすみかとなる腸の持ち主の遺伝的特性にもっとも大きく左右される細菌は、クリステンセネラ科の細菌だった。この科の細菌はほかの細菌種とともに、共存ネットワークと呼ばれるもの、要はそこそこ安定した細菌種の「中核的群集」を形成する。話が本当におもしろくなるのはここからだ。というのも、BMIの低い人の腸内マイクロバイオータほど、この共存ネットワークが目立っているのである。そう、やせている人の腸内細菌群集は太っている人のそれとは異なっており、そうした群集の構成要素には遺伝性があるらしい。これは当然、二重の守りで固めた最高の肥満の言いわけになる――「遺伝子と細菌のせいだよ！」

この手の誘惑的な話の問題は、証拠の筋道が相関的であることだ。ある種の細菌の存在はやせていることと相関しているが、それはかならずしも、その細菌が痩身の原因であるとか、その細菌の減少が肥満につながることを意味しない。過去三年の秋にわたしが自宅で見かけたクモの数とわたしが飲んだコーヒーの量には相関関係があるが、わたしのカフェイン常用癖と蛛形類に因果関係がないことは明らかだ。実際には、クモが増えたのはおそらく田舎のほうへ引っ越したからで、その引っ越しのきっかけは家族の拡大であり、それはコーヒー常飲の理由も説明している。

このケースでは第三の要因、つまり家族のサイズが、観察されたほかのふたつの現象と相関し、その両方の原因となる要素を提供している。科学の世界では通常、相関関係から明確な因果関係へ移行するためには、介入研究と呼ばれる手順が必要になる。これはつまり、問題となるシステムになんらかの手を加え、その介入の影響を研究する実験である。

グッドリッチの研究チームはまさにそれを実施した。まず、「肥満に関連するマイクロバイオーム」(要は太った人のうんこ)を採取し、その群集にクリステンセネラ・ミヌタというクリステンセネラ科の細菌を加えた。この強化版マイクロバイオームを摂取すると、レシピエントの細菌群集はやせている人に見られるものに近くなった。つまり、ある人の**マイクロバイオーム**[用語集]に手を加え、おおむね好ましい特性と関連するものに改変できるということだ。細菌改変版のうんこは、無菌マウス(第六章と第七章に登場した)にも投与された。その結果、クリステンセネラ・ミヌタの「サプリ」を与えられたマウスではマイクロバイオータが変化し、この点が重要なのだが、細菌増強の介入を受けていないマウスに比べて体重が増えにくくなった。[原注5]

クリステンセネラ科の細菌と肥満との関連を知らずにこの結果を見たら、わけがわからないだろう。歯に衣着せずに言えば、これはつまり、やせているだれかのうんこを食べれば体重を減らせる、少なくとも体重を増やさない効果を得られる可能性がある、ということだ。そうするところを想像するとひどく身の毛がよだつのはたしかだし、皮肉にもかえって品位を傷つけられそうではあるが、それでもわけがわからないことに変わりはない。だが、わたしたちの内なる生態系の範囲と規模をめぐる知識をもっていれば、この手の介入に効果があるという説は、少なくとも信用できそうに思える。そうした結果にとびつき、肥満はクリステンセネラ・ミヌタの摂取で治療できると主張したいところだが、まだ研究は初期段階であり、実験室条件下で無菌マウスから得られた証拠の裏づけがあるからといって、それがそのまま奇跡の肥満治療薬になるわけではない。とはいえこの研究は、わたしたちの遺伝子がマイクロバイオームに影響をおよぼしていること、そしてマイクロバイオームが太りやすい傾向にかんしてなんらかの役割（まだ完全には解明されていないが）を果たしている可能性があることを示している。

グッドリッチらの研究は、証拠の鎖をなすいくつかの環をつなぎ、肥満との闘いにおける「細菌療法」の可能性を示すものだ。その点はまちがいない。だが、ご想像のとおり、実際の状況はわたしのここまでの説明ほど単純ではない。第一に、二〇一五年の研究では、こと腸内マイクロバイオータにかんしては食習慣が遺伝子にまさる可能性が示唆されている。実験用マウスに脂肪と糖質の多い餌を与えたところ、腸内マイクロバイオータが再現可能なかたちで変化した。また、わずか三日半のあいだ餌を変えるだけでも、マイクロバイオータ群集を変化させ、新しい安定状態をつくることができた。[原注6] これは個体間の遺伝的差異とはかかわりなく生じたが、興味深いことに、餌を変えたらその変化がもとに戻った。「生まれか育ちか」をめぐる論争はいまだに続いているが、この二分法はだいたいにおいてまちがっている。わたしたちが知る事柄の多くは、生まれと育ちの両方を等しく指し示している。腸内細菌も例外ではない。わたしたちの遺伝子は環境とともに、そしてわたしたちが内環境に放りこむものとともにはたらき、それがマイクロバイオータに影響をおよぼしているのだ。

単純とはほど遠い……

そのほか、別の細菌の別の役割を示す研究もある。そうした研究のひとつでは、大腸にいる細菌が脂肪の消費におよぼす影響が調べられた。ヒトの脂肪組織にはふたつの種類がある。白色脂肪組織は貯蔵のための組織で、皮膚の下や臓器のまわりに集まっている。簡単に言えば、これがわたしたちを太らせる脂肪で、過体重ではない人でもあちらこちらにかなりたくさん見られる。それに対して、褐色脂肪組織は首まわりや胸の上部に少量ずつたくわえられる。こちらの脂肪はエネルギー貯蔵ではなく熱産生にかかわり、その機能によく適応している。この熱産生機能ゆえに、褐色脂肪組織は体を震わせて熱を生み出せない冬眠中の哺乳類や新生児に多く見られる。ここまでの話にとって重要なポイントは、活性化した褐色脂肪組織がエネルギーを消費することである。これには、白色脂肪組織にたくわえられているエネルギーも含まれる。したがって、おそろしいまでに単純化した肥満中心の観点から言えば、白色脂肪は「悪玉」、褐色脂肪は「善玉」ということになる。

褐色脂肪と白色脂肪の量は人によって異なり、やせている人は過体重や肥満の人よりも褐色脂肪が比較的多いことを示す証拠が得られている。インペリアル・カレッジ・ロンドンとスイスにあるネスレリサーチセンターの研究チームが無菌マウス（繰り返すが、腸内細菌のいないマウス）と通常のマウスを比較したところ、無菌マウスの褐色脂肪は通常のマウスよりも活性が高く、カロリーを速く消費することがわかった。そうなる理由のひとつは、炭水化物を発酵させる細菌がいないと短鎖脂肪酸ができず（第六章で見たプロセス）、その欠落が代謝プロセスを乱し、最終的に褐色脂肪のカロリー消費につながることにある。[原注7] この知見が治療にもたらす恩恵は現時点ではさだかではないが、地球規模の肥満との闘いのさなかには、どんな知見でも威力を秘めているように思える。気球が登場してまもない公開飛行実験の場で、あんなものがなんの役に立つのかと問われたベンジャミン・フランクリンは、こう答えたと伝えられている。「生まれたばかりの赤ん坊がなんの役に立つのかね？」これは心に留めておくべき考え方だと思う。研究がどこへたどりつくのか、わたしたちにはけっしてわからないのだから。

ベンジャミン・フランクリンとリンゴ

いまさら言うまでもなく、ベンジャミン・フランクリンは数々の名言で知られる。わたしのお気に入りは「三人でも秘密は守れる、そのうちふたりが死んでしまえば」だが、もっと有名なところでは「一日一個のリンゴは医者いらず」というものがある。フランクリンはリンゴに目がなく、国外にいるときに樽に入れて船で送ってほしいと妻に頼んだほどだ（お気に入りの品種はニュータウンピピン〔ニュートンピピンとも〕だったらしい）。フランクリンは老け気味の（ひいき目に見ても）太った男性として描かれることが多いが、人生の大部分をつうじてすらりとした体型を保ち、彼の伝記を書いたウォルター・アイザックソンは「筋肉質」とまで描写している。腸内細菌と肥満にかんする最近の研究からすれば、フランクリンの「一日一個のリンゴ」哲学はよいところをついている可能性があるが、おそらくそれは本人が意図していたものとは違うだろう。

リンゴの摂取は心臓病、脳卒中、高血圧のリスク低下をはじめ[原注8]、ありとあらゆる医学上の利点と結びつけられてきたが、二〇一四年に発表された研究では、リンゴ、腸内マイクロバイオータ、肥満の驚くべき結びつきが示された。この研究では、食物繊維やポリフェノールなど、リンゴに含まれる消化できない成分が検証された。かつては粗質物とも呼ばれていた食物繊維は、植物性食品の消化できない成分からなる。食物繊維の成分のなかには、腸内細菌のはたらきで発酵するものもあれば、なにをどうしても分解されず、うんこのかさを増して腸内の移動を助けているも

のもある。食物繊維は**プレバイオティクス**[用語集]として知られている。これはつまり、腸内細菌の増殖と活動を促進する成分を指す（詳しくは第一〇章で）。ポリフェノールは、化学者がヒドロキシ基（OH）と呼ぶものが結合した炭素原子の環（この原子のまとまりをフェノールという）を多数（ポリ）もつ化学物質である。ポリフェノールは植物界では重要な物質で、樹皮、幹、果実の皮、葉の組織、一杯の茶（味と色はこの物質のおかげ）に見られるタンニンもそのひとつだ。

くだんの研究では、マウスに過剰に餌を与えて肥満を誘発したのち、その太ったマウスにさまざまな品種のリンゴを含む餌を与えた。太ったマウスのうんこを対照群のやせたマウスのそれと比較し、細菌組成の違いを調べた結果、リンゴを与えた太ったマウスの腸内細菌はやせたマウスのものと似ていたが、リンゴを与えなかった太ったマウスのものとは異なることがわかった。つまり、リンゴを食べたことで腸内細菌が変化し、やせ体質に関連する細菌種が増えたと考えられる。

このメカニズムには、本書ですでに出会ったプロセスがかかわっている——発酵と酪酸の生成である。リンゴに含まれる繊維とポリフェノールは細菌により酪酸に変換され、この酪酸が有益な細菌の増殖を促進する。酪酸のプレバイオティクス効果にはほかの研究者も注目している（そして実際にＩＢＤの治療法として提案されている）[原注9]。ちょっとしたセルフ投薬をしてみたい人のために言っておくと、もっとも効果の大きかった品種はグラニースミスだ。残念ながら、フランクリン御用達のニュータウンピピンは試験対象に含まれていなかった[原注10]。

おなかのなかの微生物を操る

外の環境をあれこれと操作して自分のニーズにあったものにする、というのはごくありふれた行為で、実際のところ、農業やガーデニングの基礎でもある。この環境操作の原理を体のなかにもあてはめ、問題を引き起こす細菌のかわりに体によい細菌種と群集が繁栄できるように腸内環境を変えるのは、まったくもって理にかなっている。このアプローチは第一〇章で扱うプロバイオティクスとプレバイオティクスの基礎をなすが、プロ／プレバイオティクス業界が一般にしているよりも手の込んだやり方で「環境建築家」の役を演じることも可能だ。

二〇一四年の研究では、まさにそうした手の込んだアプローチがとられた。まず、われらが旧友、大腸菌の安全な株を採取して遺伝子を操作し、N－アシル－ホスファチジルエタノールアミンというじつに覚えやすい化学名でとおっている物質を産生するようにした。ありがたいことに、この物質にはNAPEという略称がある。NAPEはわたしたちが食事をしたときに小腸で産生される脂質で、すぐにN－アシルエタノールアミン（NAE）に変換される。このNAEは体内のシグナル伝達にかかわっており、食物摂取と脂肪吸収の抑制、脂肪分解の促進など、肥満を抑えるプロセスを体に命じる。研究チームは八週間にわたり、遺伝子組み換え大腸菌を飲み水に混ぜて一群のマウスに与え、別の群には不活性化した細菌（マウスに細菌を与える効果の対照として、遺伝子操作したあとに殺した細菌細胞）もしくはただの水を与えた。すべてのマウスに高脂肪の餌を与え、食べたいときにいつでも餌を手に入れられるようにした。これは不断給餌と呼ばれる方法だ。遺伝子操作した細菌を与えた群では、餌の摂取量と体脂肪が有意に減少したほか、脂肪肝を呈するマウスもはるかに少なかった。興味深いことに、この実験により生じた腸内マイクロバイオータの変化が継続した期間は遺伝子組み換え細菌を飲み水から取り除いてから六週間後までだったのに対し、体重と体脂肪にかんする効果は遺伝子組み換え大腸菌を取り除いてから一二週間後にもまだはっきり見られていた。[原注11]

この研究はまだ継続中で、研究チームがめざしているのは当然、マウスの実験システムではなく人間における治療法だが、すでに見てきたように、肥満は複雑な問題であり、腸内細菌は複雑なコミュニティだ。「ほら、この細菌を飲み下せばブラッド・ピットみたいな見た目になれるよ」的な解決策がいかにすばらしかろうが、ただひとつの単純な解決策を見つけられそうもない角度で肥満と腸内細菌が交差している可能性はじゅうぶんにある。その点については、大腸菌NAPEプロジェクトの上級研究員で、ナッシュヴィルにあるヴァンダービルト大学の准教授ショーン・デイヴィスの見解を肝に銘じておくといいと思う。医療情報サイト「メディカル・ニュース・トゥデイ」によれば、その見解は次のとおりだ。「高脂肪の餌を食べるマウスで効果があったことを踏まえれば、人間においても、野菜を増やしてジャンクフードを減らした食生活に切り替えなくても恩恵があると考えられることはたしかである。しかしながら、もっとも大きな恩恵を得られるのは、食生活を変え、じゅうぶんな運動をしようと試みる人である可能性が高いとわれわれは予想している」[原注12]。つまり、食べる量を減らして運動を増やすのが最善の介入手段である事実は変わらないということだ。

第九章

「旧友」とのつきあいを続けるほうがよい理由

この章では、アレルギーについて考え、衛生仮説を切り捨て、旧友をいつくしみ、腸内細菌がわたしたちのメンタルヘルスに影響を与えているかもしれないという驚きの事実を学ぶ。いや、うそではない……。

学生を現地調査旅行に連れていくときには、出発前に健康と安全にかんする書類に記入してもらわなくてはいけない。面倒な作業ではまったくないが、南アフリカの低木林地で夜も更けてからはじめて気づくよりは事前に知っておいたほうがよさそうな病気や食事の制約を把握する手段としては役に立つ。そうした書類になんらかの形態のアレルギーが記載されるのは、けっしてめずらしいことではない。ロブスターにアレルギーがある学生のような（その点はわたしがきちんと宿の主人に伝える）、どちらかと言えば軽いものもあるが、重い花粉症のようなやっかいな症状が含まれることもあり、そうした症状は年々増えているように見える。研究と調査もわたしの観察所見を裏づけている。アレルギーは実際に増えており、慈善団体「アレルギーUK」によれば、三〇〜三五％の人が一生のどこか

の時点でアレルギーを患い、子どもの最大五〇%がなんらかのアレルギーと診断されているという。

くだんの書類には喘息もよく登場する。長期間にわたるつらい炎症性疾患である喘息は、気道が炎症を起こす病気だ。多くの患者では、花粉、動物の毛、たばこの煙、イエダニなど、環境の「そのへん」にある何かに対するアレルギー反応、もしくは運動が発作の引き金になる。すべての患者でアレルギーが引き金になるわけではないが、非アレルギー性(内因性)喘息はアレルギー性(外因性)喘息ほど多くない。アレルゲン(アレルギー反応を引き起こすもの)をきっかけに体内で複雑な反応が起き、それが免疫系による過剰な炎症反応につながる。その結果、気道と肺が炎症を起こして腫れるせいで、咳、喘鳴、息切れ、胸の締めつけ、呼吸困難が生じる。こうしたひどく不快な症状は、だいたいにおいて、吸入具を使って投与するサルブタモールなどの薬により抑えられる。

健康と安全にかんする書類で喘息を目にすることが増えているのは意外でもなんでもない。わたしの学生の大多数の出身地であるイギリスでは、現時点で五〇〇万人超(成人の一二人に一人、子どもの一一人に一人)が喘息の治療を受けている。わたしが子どものころにも、風変わりな見た目の青い吸入具(いわゆる「嗜好用」でないことはわかっているので心配無用)を持ち歩いている子がクラスにひとりくらいはいたかもしれないが、ここ一〇年ほどで西欧の喘息患者数は倍増し、米国とオーストラリアでも同様の増加が報告されている。[原注1] 開発途上国でも喘息が増えており、その増加はこの疾患の認識や治療の向上に関連しているわけではない。喘息をそれと認識するのは難しいことではないし、サルブタモールは一九六〇年代後半から第一選択薬になっている。わたしたちがいま目にしているアレルギーと喘息の増加は現実のものである。当然、問うべき疑問はこれだ――いったいなぜ？

衛生仮説

わたしたちのマイクロバイオータと免疫系のあいだに密接かつ重要な関係があることはすでに見てきた。免疫系のうち「教育可能」な要素、つまり獲得免疫は、味方と敵になりうる細菌にさらされた結果として発達する。アレルギー反応はその教育のまずさに起因すると考えられる。免疫系が味方と敵をうまく区別できずに過剰反応し、第七章に登場した比喩をまた使えば、入り口を通り抜けようとする人をだれかれかまわず叩きのめす熱心すぎるナイトクラブのドアマンのようになってしまう。この考え方をもう少し膨らませると、アレルギーの増加をめぐるひとつの仮説に行きつく。この仮説はメディアでかなりの注目を集め、この話題にかんする世間の認識をかたちづくってきたふしがある――いわゆる「衛生仮説」である。だが、これから見ていくように、この誘惑的なまでに単純でおそろしく根強い仮説にかんしては、見たままの状況を鵜呑みにしてはいけない。

幼少期にかかる感染症の減少とアレルギー疾患の増加が最初に結びつけられたのは一九七〇年代のことだ。微生物にさらされる機会が多いとされる農村の環境で育てば花粉症やアレルギーから守られる、という考え方も当時すでに広がっていた。だが、わたしたちの知る「衛生仮説」が本格的に飛躍するのは、デイヴィッド・ストラカンによる一九八九年の研究以後のことである。おもに花粉症の増加に関心を寄せていたストラカンは、「花粉症、衛生、世帯規模」と題した論文を「ブリティッシュ・メディカル・ジャーナル」で発表し、花粉症の増加、さらには喘息や小児皮膚炎でも観察されている増加を説明するエレガントな説を展開した。論文にはこう書かれている。「過去一世紀で世帯規模が小さくなり、家庭内の設備が快適になり、個人の衛生水準が高くなるのにともない、若い世帯では**交差感染**[用語集]の機会が減少してきた。その結果として、アトピー性疾患（花粉症、皮膚炎、喘息などの過敏なアレルギー反応を引き起こす）の臨床的発現が広がった可能性があり、花粉症のケースでもそうであったように、富裕層で先行して現れている」。つまり、きょうだいとの不衛生な接触をつうじて感染を広げるのは、それにより病気をもらう可能性はあるにしても、アレルギーの回避にかんしては「よい」ことである、というわけだ。[原注2]

その後、この仮説が大衆紙で人気を博したのは、おそらく爽快なほど単純明快かつ論理的に見えたからだろう。また、下の世代に対してちょっとした優越感を味わいたい人にとってもおあつらえむきだった。その主張は、こんなふうに展開する。

「古きよき時代」には、アレルギーや喘息はめったになかった。当時はいまよりも子どもたちが外で遊び、動物、植物、土に触れる機会が多かった。家庭内の衛生状態にもあまり気をつかわず（これは先祖たちにいささか失礼で、タイムマシンがなければたしかめるのは難しい）、いまのわれわれがせっせと使っている大量の抗菌製品もなかった。その結果、神話のごとき古きよき時代には、チョコレートバーが煉瓦くらいの大きさだっただけでなく、わたしたちは「不潔な」家にすむ微生物にたっぷりさらされ、そのおかげで免疫系がよく育っていた。当時の免疫系はこれ以上ないほど学習していた。言ってみれば博士号取得レベルの免疫系だ。たしかに、結核や赤痢で死ぬ人はいたかもしれないが、少なくともナッツを食べることはできた。いまさら言うまでもなく、昨今ではみんながみんな虚弱で、アレルギーと喘息のせいで鼻をすすり、ぜいぜい息を切らせながら街を歩いている。わたしたち全員がひどく衛生的になり、子どもたちが昔のように土を食べたりしなくなったばかりに、現代の免疫系は細菌による教育を受けられなくなってしまったのだ。

これは人の心を引きつける物語で、論理のつなが

りもすぐれているように見える。たしかに、免疫系と細菌に対してわたしたちがしていることを踏まえれば、幼少期における細菌への曝露、とりわけ「バックグラウンド」の曝露、つまり「症状の出ない」曝露が少ないと免疫系の発達に問題が生じると主張するのは不合理ではないように思える。この仮説は生物学的に見て理にかなっており、それが大きな強みのひとつになっている。だが、誘惑的な仮説と興味深いいくつかの相関関係から前進し、因果関係の証明にもとづく科学的合意へと至るためには、大きな一歩を踏み越えなければならない。

現代人は本当に清潔なのか？

興味深いのは、家庭内の細菌をめぐるわたしたちの不安とこの仮説がひどく矛盾していることである。細菌をどれだけ駆除しても、そのためにどれだけ金を費やしてもたりないと思っている一方で、他方ではその仕事をうまくこなしすぎてしまったと心配している。そのふたつは両立しない。状況を大局的にとらえるために、第二章と第三章に戻り、トイレやキッチンのような複雑な三次元環境で細菌を殺すことの現実的な難しさをあらためて考えてみるといいだろう。わたしたちが自宅をあまりにも清潔に保ち、細菌をあまりにも排除しているせいで、その結果として生じた家庭内デッドゾーンが子どもの健康に影響を与えているなんてことが、本当にありうるのだろうか？　わたしたちはほぼいつも、自分の手さえろくに洗えていないのに（第四章）。あなたも直感的に「ありえない」と思うはずだ。実際、清潔な家は説明の一部にはけっしてなりえない。

ストラカンの論文で注目されていたのは、世帯規模とアレルギー疾患、おもに花粉症が逆相関にあることだ。逆相関とは、一方の値（この例では花粉症）が増加すると、他方（世帯規模）が減少する状況を指す。ストラカンはこの逆相関を大家族で起こりうる交差感染の多さと結びつけ、世帯規模の縮小（一般には先進国で見られる）が交差感染の減少とアレルギーの増加につながった可能性があると指摘した。また、「家庭内の設備が快適になり、個人の衛生水準が高く」なったことで交差感染の機会が減少したと考えられるとも述べている。この二〇字あまりの表現から、おなじみの「衛生仮説」ができあがったというわけだ。

しかしストラカンは、わたしたちの家が清潔になったために子どもたちの免疫系が細菌にさらされなくなり、そのせいでアレルギーが増えていると明言したわけではない。核家族化が鍵を握る要因であると主張したうえで、家庭内の設備と個人の衛生水準の向上も重要かもしれないと推測した、というのが実際のところだ。もとになった論文のどこを見ても、「家庭の衛生」にはっきり言及している箇所はない。とはいえ、そう推論できることはたしかである。そして実際に、多くの人がそうした。

科学界隈では、衛生仮説という用語は、微生物への曝露と喘息、湿疹、花粉症などのアレルギー性疾患の蔓延とのつながりをめぐるさまざまな説を包む傘のようなものになった。問題は、大衆向けのメディアでそうした複雑な要素が希釈され、ただひとつのわかりやすい概念になってしまったことだ――わたしたちの家は清潔すぎる、という概念である。では、それを裏づける証拠はあるのだろうか？

わたしたちの家は本当に清潔になりすぎているのか？

これまでにかなりの数の研究により、「衛生仮説」の傘の下に収まるさまざまな論点が検証されてきた。そうした研究の知見のうち、もっとも一貫している点は、三人以上のきょうだいのいる家庭で育つとアトピー性疾患（とくに花粉症）のリスクが低下することと、兄か姉がいる人、とくに兄がいる人ではリスクが低下することだ。[原注3] おおもとの論文で主張されている家族の規模とアレルギー性疾患の関連はいくつかの研究で裏づけられているものの、個々の疾患を検証してみると、そうした知見にまったく矛盾がないとは言えない。[原注4]

だが、家族の規模もしくは家族構成にかんする知見は、わたしたちの家が清潔すぎるという考えを裏づけるものではまったくないし、裏づけられるはずもない。それを裏づけるためには、家庭と個人の衛生を検証して測定し、その家庭で暮らす人の健康状態を定量化しなければならない。科学的に見て理想的な方法は、各家庭の衛生状態を操作することだが、そうした研究は倫理委員会の裁きを受けずにはいないだろう。だれかにもっと非衛生的になってほしいと頼めば、当然のことながら、感染症にかかる可能性が高まり、その人は健康面のコストを払うことになる。もっと衛生的になってほしいと頼む場合にしても、それがアレルギーを誘発するかもしれないと考えるだけの根拠がある（なにしろ、それこそが検証しようとしている仮説の肝なのだから）。別のアプローチとして考えられるのは、相関的ではあるが、洗浄用品の使用や清掃の実施状況を調べ、空間（複数の国を比較する、など）と時間を横断してアレルギーの有病割合を検証する方法だ。

清潔とされる現代の家とアレルギーの増加とのあいだに因果関係がある可能性については、数多くの研究で調べられてきた。あなたが清潔な家のせいでアレルギーが増えていると嘆いてきた人のひとりなら、申し訳ないが、このあたりでそろそろ、ひどいショックを受ける覚悟をしてほしい……。

衛生仮説では説明がつかない

全体として見ると、家庭の衛生とアレルギー性疾患が関連している可能性を調べる研究は、ほとんど外れくじを引いている。端的に言って、そんな関連は存在しないのだ。たしかに、わたしたちは昔よりも洗浄用品を使うようになっているが、ほかの要因を調整して検証すると、そうした製品の総消費量、もしくは欧州各国で販売されている特定の製品の消費量とアレルギー性疾患の増加とのあいだに相関性は見られない。すでに見たように、いったん追い払われた表面に復帰し、たちまち増殖することにかけては、細菌はおそろしく長けている。現実には、洗浄や清掃にかんするわたしたちの習慣は、たとえ最先端のすごい洗浄用品を使う場合でも、細菌の活動を食い止めるうえではほとんど役に立たない。洗浄の仕方によっては、家のなかでの細菌の分布を広げてしまうことさえある。生の鶏肉を切った包丁を拭いた布巾で作業台を拭いてしまうとか？ わたしは家庭内の衛生にそれなりに気をつけていると思うが、それでも何かの折にちょっとした、だが重大な結果を招きかねない過ちを犯してしまったと気づいて愕然とすることがしょっちゅうある。タイムマシンにとびのり、祖母のキッチンのきれいに漂白された作業台に置かれたものを食べるほうが、汚染された布巾と攻撃的なブランド名のついた「驚異のクリーナー」でぞんざいに拭かれた自宅の作業台からつまみ食いするよりはましだろう。

二〇〇六年に発表された衛生仮説にかんする重要なレビューでは、これ以上ないほど明快な結論が出されている。「アトピー（花粉症、湿疹、喘息などの疾患）と家庭の洗浄および衛生の関連を示す証拠は、よく言っても薄弱である」[原注5]。さらに、著者らはサマリーでもう少し踏みこみ、こう述べている。「アレルギー性疾患の増加は、病原性微生物（病気を引き起こす微生物）による感染の減少とは相関性がなく、家庭の衛生状態の変化で説明できるものでもない（強調は著者による）」。衛生仮説にかんする第二の重要なレビューは、二〇一二年に発表された[原注6]。オンラインで無料で読めるこのレビューは、専門的ではあるがとっつきやすいので、衛生仮説とその意味するところをもっと理解したい人には一読することを強くおすすめする。このレビューの著者らはさらに一歩踏みこみ、『衛生状態の悪さそのものに予防効果がある』（つまり、不潔な家が子どもをアレルギーから守る）とする説は、現在ではおおむね誤りであることが明らかになっている」と述べ、どことなくうんざりした調子でこう続けている。「しかし、大衆向けメディアではいまだにこの説がとりあげられている」

「衛生的な家」という単純な仮説は、いまも昔も人を誘惑する。そのせいで、この単純な説明になんらかの科学的妥当性がある段階をとうに過ぎてしまったあとも、メディアと世間の認識のなかで驚くほど長く生き延びることになった。それどころか、あまりにも誘惑的なせいで、多くの人はこの説の論理にある明らかな問題点を無視してしまう。すでに見たように、どれだけきれいに掃除しようが、わたしたちの家には微生物がひしめいている。また、現代の家は三〇〜四〇年前の家よりもきれいだとする主張の正しさを確認するのは難しい。ライフスタイルが昔よりもせわしなくなり、パートナーの片方（ほぼつねに女性）が家庭にとどまって「家を切り盛り」する家庭モデルが廃れていることからすると、私見を言わせてもらえば、わたしたちの家が昔よりもはるかに非衛生的になっているとする見解をとるほうが論理的だと思う。[原注7] わたしの知るかぎり、わが家はそうだ。

衛生仮説、少なくとも多くの人が解釈するところの衛生仮説の肝は、子どもが以前ほど外で遊ばず、したがって外の微生物にさらされていないという主張にある。これもやはり誘惑的な主張（証拠による裏づけを必要とするものではあるが）だが、子どもが屋外に出ないのなら、結果として屋内で過ごす時間が長くなることはまちがいない。そして、子どもたちが屋内で掃除をしているのではないことは、かなり自信をもって保証できる。これもまた、家庭が衛生的ではなくなっている説に味方するのではないか？

衛生仮説は死んだ――微生物欠乏仮説は長生き？

家庭の清潔さに大きな重点を置いた「衛生仮説」という語は誤解を招くものであり、役にも立たない。昨今では、論文でこの語に言及する際には、もはや使われていないことを主張するか（図書室では静かにしろと生徒に向かって怒鳴る教師のように、やや自己矛盾的な立場に置かれることになる）、導入部で歴史的背景の一環として登場させるケースが大半である。とはいえ、単純な「清潔な家」モデルが死んだからといって、衛生仮説の傘の下でもつれあった概念に終止符が打たれるわけではない。むしろ、微生物への曝露とアレルギー性疾患の関連という基本概念は受け入れられ、科学的合意に達している。

ここで、ストラカンのおおもとの説に戻ろう。そこで唱えられているアレルギーと感染症の関連は、世帯規模が感染症の現実的な代理指標になるとする仮定を基礎としている。代理指標とは、定量化できない何かの代理として、定量化できる事象を測定した指標だ。推論をさらに広げるなら、世帯規模を微生物への曝露全般の代理指標とすることもできる。科学の世界では、衛生仮説は初期の説から急速に進化し、はるかに幅の広い概念へと発展した。すなわち、現代のライフスタイルが微生物への曝露を減らし、それにともなって免疫系の学習機会が乏しくなったせいでアレルギー性疾患が増加した、という概念である。この拡張版の「衛生仮説2・0」は、より広い環境にいる細菌種を含めた非病原性細菌、細菌のつくる毒素などの細菌の一部、さらには都市生活の増加、「環境」や動物との接触の減少、家族間でのベッド共有の減少といった微生物への曝露を減らすライフスタイルの問題までをすっかり包みこむものだった。この拡張版の解釈をひとことで表す誤解の少ない用語として、「微生物仮説」や「微生物欠乏仮説」などの案が出された。[原注8] それとは別に、つながりはあるが微妙に違う説も存在する。「旧友仮説」と呼ばれるこちらの説も、過去数年でかなりの支持を獲得した。

こうした科学的な前進についてはこのあとすぐに触れるが、いずれもメディアではあまり注目されなかった。それどころか、「衛生仮説」という語はいまだに広く使われ、「わたしたちが家をきれいにしすぎて、子どもたちの食べる土の量がたりないせいで、子どもたちが病気になっている!」という人騒がせな鞭打ち苦行者じみたメッセージの省略表現になっている。この省略表現は時代遅れで単純にすぎ、科学的な裏づけがなく、潜在的に危険でもある。なぜ危険かと言えば、衛生仮説の一般的な解釈のなかに、衛生基準をゆるめるほうがうまくいくという暗黙のメッセージが含まれているからだ。現実には、そのメッセージはこれ以上ないほど真実からかけはなれている。実際のところ、衛生基準の低さ、とりわけ調理場におけるそれは、膨大な苦痛と死を招く。かわいいジョニーちゃんが喘息にならずにすむかもしれないという理由で、ただでさえ不十分な基準をさらに低くするなんて、科学的な裏づけのない狂気の沙汰である。そんなわけで、家が清潔すぎるせいで子どもたちが病気になっている、掃除の頻度を減らすべきだ、と次にだれかが言うのを耳にしたときには、どうかまちがいを正してやってほしい。

微生物への曝露が「よい」こともある

「わたしたちは清潔すぎる」という単純版の衛生仮説は筋がとおらないものの、微生物への曝露がわたしたちにとって「よい」こともあるという基本的な事実には妥当性がある。だが、どれくらいの、そしてどんな種類の曝露がよいのか？ そして、そうした有益な曝露が昔よりも減っているのはいったいどうしてなのか？ 家庭の衛生が目くらましの「おとり」であることはもうわかっているが、だからといって、微生物への曝露が環境とわたしたちの内環境から生じているという逃れようのない事実が消えてなくなったわけではない。この論理をたどっていくと、日々の生活や食事をつうじた環境中の微生物への曝露は免疫系の発達、もしくは未発達にかんしてなんらかの重要な役割を果たしているにちがいないという結論に行きつく。また、一部の微生物への曝露は断じて悪いことであるものの、わたしたちの体のなかや表面に普通に存在する微生物もいて、多くの場合、とりわけバランスのとれた微生物群集の一部である場合には有益であることがわかっている。

さらに、わたしたちのライフスタイルがほんの五〇年前と比べてもまったく違うものになっていることも、やはり逃れようのない事実である。その変化は、進化的な時間で考えれば、まばたきひとつのあいだに起きている。都市化と産業化はわたしたちの暮らしを根本からがらりと変えた。そうした変化には明らかな恩恵がある。余暇の時間が増えた。自然の気まぐれに振りまわされることが少なくなった。医療を利用できるようになった。いっぽうで、コストもある。たとえば、欧州の医師は早くも一九世紀から、農民がめったにアレルギーにならないのに対し、花粉症が都市に住む裕福で学のあるエリートの印のようになっていることに気づいていた。都市化はまたたくまに進み、人類はいまや都市の種になっている。もっぱら屋内で活動し、その活動の燃料を、ひたすら加工の度を増す食品に頼る種だ。どれだけテントで週末を過ごしたり生け垣で食料を採集したりしても、その事実が変わることはないだろう。

ライフスタイル（広い意味での環境）と免疫関連疾患とのつながりの証明に役立つ相関的証拠のひとつは、ヨーロッパ北部のカレリア人から得られたものだ。免疫関連疾患には花粉症や喘息のほか、ＩＢＤ（第七章）や多発性硬化症などの自己免疫疾患も含まれる。この例に関係しているのが、やはり自己免疫疾患である1型糖尿病だ。自己免疫疾患は、体内であたりまえに見られる物質や組織（名称の「自己」の部分はこれに由来する）に対する免疫系の異常反応を特徴とする。本書の読者は第三章（ギラン・バレー症候群）でこの手の疾患に最初に遭遇し、さらに第五章では制御性Ｔ（Ｔレグ）細胞にも出会っている。Ｔレグ細胞は通常、免疫系が体の細胞に反応して攻撃するのを防いでいる。

ロシアに住む少数民族のカレリア人のあいだでは1型糖尿病がきわめて少ないが、国境のすぐ先、同じ緯度のフィンランドでは、発生率が六倍になる。この増加は、遺伝的背景がほぼ同じであるにもかかわらず生じている。別の言い方をすれば、ロシアのカレリア人とフィンランドのカレリア人は、ぞんざいに「同じ」と分類された「違う」民族集団ではなく、最近になってから政治によってほとんど混ざらないふたつの亜集団に分断されたものの、遺伝的には同じ集団ということだ。この最近わかれた亜集団のあいだでは、有意な遺伝的差異が生じるだけの時間はとうていなかったにもかかわらず、1型糖尿病の発生率が六倍になっている。この差が遺伝から生じたものでないのなら、環境の違いの結果としか考えられない。ロシアでは、カレリア人は比較的貧しい未開発の集落で暮らしているのに対し、フィンランド（ほとんどは北カレリアと呼ばれる地方）の集団は現代的で都市化された生活を送っている。ふたつの集団の大きな違いは、「自然に近い」地域に暮らすロシアのカレリア人に比べて、フィンランドのカレリア人では微生物への曝露がはるかに少ないことにある。[原注9]

新たな挑戦者——旧友仮説

免疫系と微生物への曝露にかんする知見とライフスタイルの変化をうまくまとめるのはどう考

えても難題だが、衛生仮説をめぐる議論から新たな候補が浮上している。いわゆる「旧友」仮説である（英語の old friends からOF仮説とも呼ばれる）。グラハム・ルークらが提唱したこの仮説は、「免疫調節障害にかんする免疫調節役としてのマイコバクテリウムおよびその他の環境微生物」と題した論文のなかで二〇〇四年に発表された。[原注10] 著者らは論文のなかで、衛生仮説よりもずっと納得のいくかたちで微生物－免疫－ライフスタイルのつながりをまとめる主張を提示している。名称も衛生仮説よりキャッチーなので、いまだに知名度がわりと低いのはちょっとした謎だ。この仮説は、次のように展開される。

裕福な先進国では、アレルギー（花粉症など）、クローン病や潰瘍性大腸炎などの炎症性腸疾患、多発性硬化症や1型糖尿病などの自己免疫疾患が着実かつ同時に増えている。そうした増加の少なくとも一部は、制御性T細胞の機能不全に起因することを示す証拠がある。これは第七章のIBDにかんする話でも出てきた考え方だ。過去の研究を調査したルークらは、制御性T細胞の機能不全の増

加は、哺乳類の進化の歴史をつうじてつねにその環境に存在していた微生物にさらされることが減った結果として生じていると結論づけた。ルークらはそうした微生物をわれわれの「旧友」と呼んだ。よって、旧友仮説の名がついたというわけだ。

人間でもほかの哺乳類でも、免疫系は過去数百年で進化したような代物ではない。ヒトの免疫系はわたしたちからもっとも遠い人類の祖先で発達し、それ自体もさらに遠いヒトではない祖先で進化してきた免疫系の上に築かれたものだ。わたしたちの祖先が進化してきた環境は、自然のままの、不潔で生物多様性に富んだ「外の」世界であり、その環境との関係も親密だっただろう。泥や土との接触は避けがたく、そうした泥や土、あるいは動物や同じヒトの糞にいる寄生虫(扁形動物や線形動物)、ウイルス、細菌などの微生物との接触も同様だったはずだ。植物の葉や果実を集めては洗わずに食べ(ぞっとする!)、狩った動物を素手で処理していた(なんて残酷!)のだから、微生物との接触が頻繁に起き、接触する微生物も多様だったことは絶対確実である。

このように、潜在的な侵入者との絶えまない接触を背景としていた祖先の免疫系には、ひとつの大きな問題があった。脅威には対応しなければならないが、なんでもかんでも反応するのは非効率的で望ましくない。第一に、そうした「だれかれかまわない」反応は、アレルギーや炎症性疾患の患者を見ればわかるように、その免疫系の持ち主にとって相当な負担になる。第二に、わたしたちと共生するマイクロバイオータの構成員は現代人にとっても進化上の祖先にとっても重要な存在だが、ドアマンがあまりにも熱心すぎると、そのドアマンが守るナイトクラブはからっぽになってしまう。わたしたちの免疫系は、どこにでもいる避けようのない生物や自分にとって有益な生物には寛容にならなければいけない。わたしたちはそうした生物、つまり「旧友」とともに進化した。そんなふうにして進化してきた現在のわたしたちは、その旧友に頼って免疫系のさまざまな面を調節している。過剰と不足のあいだで微妙な綱渡りをするためには、そうした生物に免疫系を教育してもらわなければならない。旧友の助けがなければ、免疫系はバランスを失って綱から落ちてしまう。鍵を握るのは、微生物全般への曝露ではなく、「旧友」の微生物に的をしぼった曝露なのだ。[原注11]

旧友の影響は大きいかもしれない……

ＩＢＤ、アレルギー、喘息、湿疹、花粉症、1型糖尿病、多発性硬化症。これはどれも炎症に関連する疾患である。旧友仮説は、そうした疾患の有病割合と発生率が増加している理由をうまく説明している。この仮説には、さらに広い意味あいもあるかもしれない。長期にわたる炎症はがんの引き金になることがあり、一部のタイプのがん（ホジキンリンパ腫、小児リンパ性白血病、大腸がん、前立腺がんなど）は、喘息のような疾患で見られるものとよく似た都市化にともなう増加パターンを示している。免疫系が旧友にきちんと教育されず、その結果としてがんの引き金になる炎症が起きるのなら、旧友とわたしたちの健康との結びつきはいっそう重要さを増す。[原注12]

わたしたちの知識が深まり、細菌などの微生物との関係をめぐるひとつながりの包括的な見解ができあがっていくのにともない、予想外のつながりも発見されるかもしれない。腸内細菌がマウスにおいて不安と関連していることには第七章で触れたが、人間ではそれが「旧友のネットワーク」をつうじてうつ病と関係している可能性がある。大規模な患者群の研究では、うつ病がサイトカインの増加と関連づけられている。サイトカインは、全身の細胞レベルで起きている複雑なコミュニケーションシステムにおいて重要な役割を担う小さなタンパク質だ。細胞内や細胞間でのシグナル伝達は生物学のなかでも興味深い領域だが、もう少しおなじみのところでは、シグナル伝達は個体間でもおこなわれている。あなたを刺そうとするミツバチのはたらきバチは、化学的なシグナルを発する。この警報フェロモンがほかのはたらきバチの行動を変化させ、一緒にあなたを刺すように仕向ける。サイトカインはフェロモンと同じようなものだが、こちらは細胞と細胞のあいだではたらき、ある細胞の放出したものがほかの細胞の行動を変化させる。一部のサイトカインは免疫反応と炎症にかかわっており、臨床で使用すると患者のうつ病を誘発することがある。抗炎症治療がうつ病に対して有効だとする証拠もある。そうしたことから、わたしたちのメンタルヘルスにかんして「旧友」が果たしているかもしれない役割をめぐり、興味深い推測が生じている。ただし、こうした推測については「本研究はまだきわめて初期の段階である」という重要な断り書きをつねに添え、細心の注意をもって扱う必要がある。[原注13]

腸と脳のつながり

ほかにも、腸内細菌とわたしたちの精神状態との興味深いつながりが研究で明らかになりつつある。たとえば、臆病な系統の無菌マウスの腸に大胆でこわいもの知らずのマウス系統の腸から採取した細菌を移植したところ、細菌を受けとった側のマウスが大胆になり、環境をさかんに探索するようになった。マイクロバイオータの受け渡しを逆方向にし、臆病なマウスのマイクロバイオータを大胆なマウスに移植すると、その反対のことが起きた。まだすっかり解明されているわけではないが、ここから言えるのは、すでにIBSがらみで示唆されているように（第七章参照）、細菌と脳の相互作用が不安や気分障害の誘発と持続にかかわっている可能性があるということだ。

さらに、自閉症における腸内マイクロバイオータの役割についても研究がはじまっている。「本研究はまだきわめて初期の段階である」の断り書きがこれほど適切なケースはなく、まだ道中でいくつかのつながりを解明する必要はあるが、期待がもてることはたしかだ。疫学データでは、妊娠中に長期にわたる高熱を経験した女性の産んだ子は、最大七倍の確率で自閉症になることが明らかになっている。妊娠中の無菌マウスを発熱状態にしたところ、生まれた子の社会的交流が限定的になり、反復的行動とコミュニケーションの減少傾向が見られた。この三つはいずれも、人間の自閉症に見られる中心的な症状だ。また、腸壁の透過性が高い「漏れやすい腸（リーキーガット）」も観察された。自閉症の子どもの四〇～九〇％でやはり消化管症状が見られることからすれば、この点はとりわけ興味深い。そうした自閉症に似た症状を誘発させたマウスとさせていないマウスの腸内マイクロバイオータを調べたところ、違いが見つかった。自閉症の症状を呈するマウスでは腸内細菌の群集が変則的で、正常なマウスに比べて二種類の細菌（クロストリジア綱とバクテロイディア綱）がはるかに多くなっていた。抗炎症特性で知られる細菌、バクテロイデス・フラジリスをマウスに投与すると、腸内マイクロバイオータが正常な群集に近づき、腸の漏れやすさが修復され、反復的行動と低コミュニケーション傾向が小さくなった。つまり、プロバイオティクス的なアプローチ（詳しくは第一〇章で）により、自閉症様の症状が覆されたということだ。人間の自閉症に対するプロバイオティクス治療にはまだほど遠いし、そうした治療は結局のところ不可能だと判明する可能性もあるとはいえ、わたしたちの体内の生態系が精神状態に大きな影響をおよぼしうることについては、科学者たちはいまや確信を深めつつある。[原注14]

わたしたちにとって重要なのは、わたしたちの細胞内のDNAがコードするわたしたちの遺伝子である。その考え方にわたしたちは慣れきっているが、旧友仮説は驚くべき現実をつきつけている。わたしたちの免疫系の正常な機能は、ほかの生物のなかに存在する遺伝子――その生物の発達と機能を定め、わたしたちの免疫系が認識できる化学的特性をその生物に与える遺伝子に頼っているのだ。ここで言う生物には、細菌だけでなく、線虫などの幅広い多様な微生物が含まれる。現代の生活では、そうした旧友たちと定期的につるむ機会が減っているが、だからといって友情を強要するのはやめておくほうが賢明だ。わが子に土を食べるようすすめたり（科学的教養のある母親がそう言うのを耳にしたことが一度ならずある）、犬と遊んだあとに手を洗うなと言ったりするべきではない。そのいっぽうで、自然な外遊びを後押ししたり、幼いころから自然の世界と触れあわせたりすることには利点がありそうだ。それは免疫系にかぎった話ではないかもしれないが。

第一〇章

それ、本当に食べますか？

この章では、混乱しがちなプレバイオティクスとプロバイオティクスの世界、食品表示の複雑さ、糞便微生物叢移植の効果について考える。あるいは食糞について。まじめな話、これにはそれなりの効果がある。うそではない……。

陽気な一時間を過ごすなら後者よりも前者のほうがいいことは疑いようがないが、にもかかわらず、庭と腸はあなたが思っているよりもよく似ている。嵐によるダメージや、車輪つきゴミ箱に押しこめなかったものの山（ちなみに、いまわたしが言っているのは庭のことだが、おかしな場所に入れられた物体をめぐる救急処置室の報告からすると、そうとはかぎらないかもしれない）のようなこまごました点を除けば、平均的な庭で、さらに言えば腸で起きる問題の大部分は生物に起因している。

植物の生える庭をもたず、もっと殺風景で生物のいないものを好む人でも、この第一の問題にはなじみがあるだろう。すなわち、いるべきではない場所にいる「生物」の問題である。一家の庭にあつかましく色を加える雑草が何か言いたげに人工芝から頭をつきだし、美しく配置されたあなたのテラスのラインをだいなしにする。かつてはありがたい自然のスクリーンだったキイチゴが、ごちゃごちゃにもつれたトゲだらけの血に飢えた鞭と化し、通り過ぎる者をひとり残らず打ちすえる。除草剤は手っとりばやい効果的な解決策になるが、不用意に使うと、腸内群集に放りこまれた抗生物質のように、巻き添え被害を引き起こしかねない。

有害生物（ペスト）はまさに「いるべきではない場所にいる生物」を表す言葉で、ある生物が有害と見なされるのは、問題を引き起こす場合にかぎられる。たとえば、作物被害による収入喪失とか、庭の美観の低下とか。土壌や動物の糞にいる細菌と同じように、真菌からキツネ、アブラムシ、スズメバチまで、わたしたちが有害と見なす生物の長いリストにのっている生きものは、たいていの場合は有害ではない。問題は、そうした生物がわたしたちの薔薇や腸内で増えすぎたときにはじめて発生する。

有害生物を殺すのは、概してとても簡単だ。たとえば、昆虫は農作物を荒らす有害生物の代表格だが、たいていの昆虫を一掃できるおそろしく効果的な化学物質が無数に存在する。しかし、そうした化学物質の使用から生じうる、ありとあらゆる問題もまた存在する。殺虫剤を無差別に使ったら、害虫の天敵まで根絶やしにしてしまうかもしれない。そうなると、殺虫剤が消えたときに、天敵のまったくいない状態で害虫が復活できてしまう。これは標的生物のリサージェンス（誘導多発生）と呼ばれる現象である。どんな物理的スケールであっても、たがいにかかわりあう生物の群集を相手にする場合、ひとつの「有害な」構成要素に干渉すると、無害な、ことによると有益な構成要素で予想外の望ましくない結果が生じかねない。予想してしかるべき影響もあるかもしれない。細菌が抗生物質に対する耐性を進化させるように、一部の害虫が殺虫剤に対する耐性を進化させることも考えられる。殺虫剤が不適切に、もしくは無差別に使われる場合はなおさらだ。

有害生物管理の歴史は、わたしたちのマイクロバイオータとその管理をめぐる新たな理解になぞらえて見るとなかなか興味深い。第二次世界大戦後、化学業界は有害生物、とりわけ昆虫と植物を殺す化学物質の開発と販売にかんして恵みの時期に突入した。一九五〇年代は農業における有害生物の化学的防除の黄金時代となり、作物生産高の増加という点で恩恵がきわめて大きかったことは否定しようがない。だが、その代償もあらわになった。複雑な食物網をつうじて付随的な環境ダメージが分岐・拡大し、たとえば殺虫剤ＤＤＴの卵殻を薄くする作用は、その影響を受ける鳥類の著しい減少につながった。最近では、ネオニコチノイド系殺虫剤がミツバチにおよぼす望ましくない影響が明らかになりはじめているが、それも有害生物の化学的防除によく見られる「製品－問題－禁止」サイクルの最新の一例にすぎない。わたしたちのマイクロバイオータとの類似性は明らかだ。「細菌＝悪者」モデルは抗生物質の過剰使用と過剰依存につながり、おもにふたつの影響をもたらしてきた。第一に、抗生物質はクラスター爆弾さながらに腸内マイクロバイオータを一掃する。第二に、わたしたちが駆除しようとしている有害な細菌が、多くのケースで耐性を進化させる。

現代の有害生物管理は「手あたりしだいに撃ちまくる」原則から脱却し、総合的病害虫・雑草管理（ＩＰＭ）として知られる体系に移行している。これは生態学的な知識にもとづく効果的な体系で、必要とされる場所では化学物質を忌避しないが、環境を維持できるかたちで生物学的・物理的な有害生物管理手法と組みあわせる道を模索するものだ。ＩＰＭの典型的なアプローチは、作物周辺の生息環境を改善し、標的となる有害生物の天敵が増えやすいように後押しすることだろう。たとえば、木や田畑のまわりでの巣箱の設置などが考えられる。この巣箱のおかげで、その下の作物を荒らすイモムシを絶えず口につめこんでやらなければいけない飢えた鳥のひなの存在が促進される、というわけだ。

最近では、わたしたちのマイクロバイオータ、とりわけ腸内細菌をめぐる考え方として、ＩＰＭ的な原則が見られるようになっている。単純に「駆除しようとする」のではなく、健康な腸内微生物群集を育んだり再構築したりする手段が探られ、実際にそうした手段がよく使われはじめている。この方針においてわたしたちが演じる役割は、生態学的な知識に通じた思いやりのある内環境の管理者だ。このアプローチは、ときに物議をかもすふたつのコンセプトに要約される。名称はほんの一文字しか違わないが、それぞれの作用機序は大きく異なる——すなわち、プレバイオティクスとプロバイオティクスである。

プレバイオティクス——内なる芝生を養う

プレバイオティクスはマイクロバイオータの成長と活動を後押しする。一般には腸内細菌を育むことに関係し、その分野には研究面でも商業面でもまちがいなく大きな関心が集まっている。だが原理上は、腸以外でもマイクロバイオータの構成要素を育んで健康を改善できない理由はない。たとえば、プレバイオティクスの保湿クリームやハンドクリームも販売されている。とはいえ、一部の製品の記載情報をよくよく読むと、「とりあえず流行にのっておけ」的な状況になっているような印象を受ける。RENクリーンスキンケア社のある製品はプレバイオティクス・ハンドクリームと謳われているが、「お肌を細菌から守り、活気づけるプレバイオティクス（強調は著者による）」が含まれるという不可解な宣伝文句も記載されている。それが何を意味するにしても——正直に言ってわたしにはわからないが——この製品がどんな科学的な意味においてもプレバイオティクスでないことはまちがいない。

わたしの目を引いた別の「プレバイオティクス」製品は、絶えず警戒を怠らない米食品医薬品局（FDA）の目も引いた。〈ルヴィーナ・ヴァギナル・モイスチャライザー〉という興味深いブランド名のついたラクリード社の製品は、（箱には明示されていないが、おそらく膣（ヴァギナ）の）鎮静、リフレッシュ、潤滑化の効果があるという触れこみで店頭で売られている。この主張は、同社とは無関係のウェブサイトに掲載されている利用者の好意的なレビューにより裏づけられているかに見える。だが、ＦＤＡが二〇一五年一月にラクリード社に差し止め命令を出したのは、製品の効能、もしくは効能のなさが理由ではなかった。問題は「プレバイオティクス」と「アクチバイオティクス」という言葉の使い方にある。後者は市販製品、市販製品の試験、特許、そしてＦＤＡの差し止め命令にかんするところでしか見あたらない単語だ。プレバイオティクスと同じ意味で使われているが、抗生物質（アンチバイオティクス）と混同しやすいというおまけの利点（少なくとも自社製品をなんとなく「医薬品」っぽく売りこもうとしている場合）がある。ヴィタミン・リサーチ・プロダクツ（ＶＲＰ）という会社にいたっては、「ActiBiotic」の商標権を所有しているといくつかの自社製品で主張している。法的な問題についてアドバイスしようなどという気はさらさらないが、ＶＲＰの弁護士たちはすぐに腰を上げ、数時間にわたる請求書作成作業にとりかからなければいけないだろう。というのも、この用語は、所有権などほとんどおかまいなしに、詐欺寄りの化粧品・サプリメント市場で活動するさまざまな会社によって湯水のように使われているからだ。

「プレバイオティクス」という用語は、少なくともＦＤＡと常識（わたしたちが誠実なら）によれば、製品に医学的な意味あいをもたせるものだ。ＦＤＡはラクリード社について、「未承認医薬品および不正表示医薬品の全米販売にかんする連邦食品医薬品化粧品法に違反」したと言い切っている。あなたがそうしたければ膣用モイスチャライザーを売ることはできるが、細菌を育む酵素を売り文句にしたり、プレバイオティクスのような語を使ったりすると、ＦＤＡはあなたの売りものは医薬品であるという立場をとる。くだんの差し止め命令により、ラクリード社は「ＦＤＡの承認を得ないかぎり、『プレバイオティクス』もしくは『アクチバイオティクス』の語がラベルまたはパッケージに記載されたいかなる製品」も販売できなくなった。[原注1]

食品としてのプレバイオティクスは、いくつかの点でそれよりも直接的だ。第八章でリンゴと肥満について話したときに、炭水化物の一種である消化できない食物繊維について触れた。たいていの場合、わたしたちがプレバイオティクス食品と言うときには、この食物繊維を意味している。そうした物質がプレバイオティクスになりうるという概念が提唱されたのは、一九九五年のことである。[原注2]

炭水化物はたがいにつながりあった糖の鎖で構成され、プレバイオティクスのケースでは三つのタイプがある。短鎖プレバイオティクスは比較的小さい分子で、ほとんどが右側の結腸、つまり上行結腸で発酵するのに対し、長鎖分子はほとんどが左側、つまり下行結腸で発酵する。全域プレバイオティクスは、その両方を混ぜあわせたものだ。プレバイオティクスが発酵すると、すでに見たように、腸内にすむ細菌に役立つ短鎖脂肪酸などの物質が生成され、場合によっては、吸収されて体のもっと広い部分でも利益を生む可能性がある。わたしたちとしては当然、たんに細菌全般を助けるのではなく、その助力の大部分を有益な細菌が得られるようにしたい。そうした有益な細菌のなかでも、プレバイオティクスは腸の生態系によくいるふたつのグループを援護することが多い。ひとつはラクトバチルス菌、そしてたいていの場合さらに重要なのが、ビフィズス菌である。

プレバイオティクス繊維

プレバイオティクス繊維は果物、野菜、豆類、穀物で広く見られる。現在のところ、プレバイオティクスのチャートで首位にいるのはチコリの根だが、その手の「よくわからない野菜」の陳列棚に行かなくても、日々の食事に採り入れることはできる。プレバイオティクス繊維を豊富に含むものをここでいくつか紹介しよう。[原注3]

ブルーベリー、ナシ、スイカ
ネギ、ニラネギ、シロタマネギ
キクイモ、ニンニク
そのほか、アスパラガス、テンサイ、小麦、ハチミツ、バナナ、大麦、トマト、ライ麦、レンズマメ、エンドウマメ、インゲンマメ、ヒヨコマメ、カラシ。[原注4]

火を通したタマネギ、バナナ、リンゴ、マメ、未精製の穀物、ニラネギ、アーティチョーク、アスパラガス、ニンニク、キャベツ、根菜はどれも、プレバイオティクスの源としてすぐれている。いや、待てよ。つまりはバランスのよい食事ということか……。

言うまでもない大きな問題は、わたしたちの大多数がとりたててバランスのよい食事をとっているわけではなく、しかもわたしたちの抱えるいくつかの健康上の問題がマイクロバイオータとつながっているかもしれないことである。さらに、第九章で出会った「旧友」たちとの触れあいもたりていないかもしれない。そうした健康上の問題のうち、明らかなものとしては、炎症性腸疾患（第七章参照）、肥満（第八章）、アレルギー性疾患（第九章）が挙げられるが、腸の不健康さと潜在的な細菌群集のバランスの悪さを示す軽めの症状も含まれそうだ。たとえば、腹部膨満感、便秘、急な腹痛、下痢などである。

わたしたちの腸などにいる細菌群集の役割をめぐる新発見が相次ぎ、新たな時代を迎えようとしているいま、多くの健康問題とマイクロバイオータとの科学的関連が遠からずしっかり裏づけられ、治療の選択肢が探られるようになるかもしれない。どんな問題であれ、より簡単な解決策を求めがちなわたしたちの傾向からすれば、プレバイオティクスのサプリメントや食品への直接的なプレバイオティクスの添加はだれもが思いつく手段であり、野菜と果物に富んだバランスのよい食事を処方するよりも（そうしたライフスタイルの変化がほかの健康上の利点をもたらすとはいえ）はるかに面倒が少ないように思える。だが、プレバイオティクスは本当になんらかの効果を生むのだろうか？

プレバイオティクスの効果については、それを裏づけるきわめて有力な証拠が存在する。[原注5] プレバイオティクスを特定の食品に添加したり経口摂取したりすると健康によい影響があることは、多くの「人における摂食研究」で示されている。とりわけ、二種類のプレバイオティクス成分、ガラクタンとフルクタンにはビフィズス菌を増やす効果があることがわかっている。研究ではこれらのプレバイオティクスとビフィズス菌に重点が置かれる傾向があるが、腸内細菌をめぐる理解が深まっていくにつれ、調査すべきさらなる潜在的なプレバイオティクスのターゲット（とプレバイオティクス成分）が見つかるであろうことは疑いようがない。また、その様相はたんなる「有益な細菌の援護」よりも複雑なものになるだろう。この展開の速いエキサイティングな研究分野では、プレバイオティクスが肥満との闘いにおいて効果がある可能性[原注6]や、プレバイオティクスの発酵から生じる物質が腸の浸透性に影響を与え、それにより免疫系を抗炎症状態へと導く効果が得られる可能性[原注7]を示す証拠が集まっている。

プレバイオティクスを添加して食品の栄養を補強するというアイデアには、人の心に訴えるものがある。わたしたちの多くは、プレバイオティクス成分をもともと豊富に含むものを食べていない。そうした成分に効果があり、簡単かつ味を損なわずに添加できることがわかっているのなら、そうすればいいだけの話では？　だが、そうするまえに思い出すべき重要な点がある。プレバイオティクスの効果を裏づけている摂食研究は、注意深く監視した食事の一環として、コントロールされた実験室条件のもとでおこなわれたものだ。そこで与えられたプレバイオティクスの効果は裏づけられているかもしれないが、だからといって、ガラクトオリゴ糖であれほかのなんであれ、「わたしたちにとってよい」という理由でいますぐ食品に添加するべきだとは言えない。食品へのプレバイオティクスの添加、もっと言えばどんなものであれ食品添加物は論争の的になり、それにはもっともな理由がある。プレバイオティクスの添加が現実の世界——つまりは食品に含まれるさまざまな化学物質に混ざり、現実の食事の一部として摂取された場合——でも人間にとって効果があるのだと証明する必要がある。その証拠は増えつつあり、おおいに期待がもてるものの、それでもまだ初期段階にすぎない。

プロバイオティクス——内なる芝生を植えかえる

プレバイオティクスとはつまり、あなたの内環境を管理し、有益な細菌が繁栄できる場所にすることである。基本的には、有益な細菌に「食べもの」を与えることがその手段になる。もっとしっかり定義すると、プレバイオティクスとは、腸内細菌の組成や活動の変化につながり、その結果として健康によい影響をもたらす特定の発酵成分ということになる。おなじみの庭の比喩に戻るなら、あなたの薔薇に肥やしをたっぷり与えるようなものだ。それに対して、**プロバイオティクス**用語集のアプローチは、すでにいる有益な細菌を後押しするのではなく、そうした有益な細菌をじかに導入することを狙いとしている。薔薇に肥やしをやるのではなく、むしろ薔薇をもっと植えようというわけだ。また、肥やしをあなたに飲みこませるようなところもある。場合によっては、これはあなたが理解しているよりも比喩的ではなく、もっと字義どおりの意味かもしれない。

プロバイオティクスのアプローチのごく初期から、真っ先に選ばれる食品がヨーグルトだったことは意外ではないだろう。牛乳をヨーグルトに変えているのは、ラクトース（人によっては消化しにくい「乳糖」）を乳酸に変換する特定の細菌の発酵作用だ。わたしたちは嫌気呼吸と呼ばれる形式の発酵をつうじても乳酸をつくっている。これは激しい運動の際にはとりわけ重要で、というのも好気呼吸よりも速く、必要なエネルギーを筋肉に供給できるからだ。全力疾走したときのように、わたしたちが嫌気呼吸に頼らざるをえなかったときにつくられた乳酸は筋肉にたまり、鎮めるにはたっぷりの深呼吸とジントニックを必要とするほどの痛みを引き起こす。ヨーグルトをつくる細菌が生み出す乳酸は、痛みを引き起こすのではなく、ヨーグルトに酸の刺激を与え、牛乳のタンパク質の形状を変え、質感を濃厚にする。ヨーグルトは細菌の産物なのである。

プロバイオティクスの父

プロバイオティクスは新しいものではない。急進的な再導入作戦による腸内マイクロバイオータの群集バランスの回復という概念を最初に提唱した（もっと正確に言えば、最初に提唱したとされる）のは、ノーベル賞を受賞したロシアの生物学者イリヤ・イリイチ・メチニコフである。

メチニコフは生物学と免疫系をめぐるいくつかの基本的な事実をつなぎあわせた。いまのわたしたちにすればあたりまえすぎて、昔は知られていなかったのだと理解するのが難しいほど基本的な事実だ。たとえば、白血球が細菌を飲みこんで殺すことを発見したのもメチニコフだ。晩年には、人間の腸のマイクロバイオータも研究した。

興味深いのは、一部の腸内細菌の生成物が引き起こす体の中毒が老衰を誘発するという説を展開していたことである。この説は現代の科学による裏づけを得ていないが、現在進行中のいくつかの発見を考えれば、どんな説であれ、まだ除外しないほうがいいだろう。

老衰を引き起こすとされる細菌の増殖を防ぐ手段として、メチニコフは乳酸生成細菌が発酵させた牛乳を含む食事を提案した。現代風の呼び方をすれば、プロバイオティクスのヨーグルト飲料、ということになるかもしれない。[原注8]

「肛門から、もしくは口から」

プロバイオティクスは腸を自分の所有物として管理するアプローチであり、もっとも美味なところでは、おなじみの小さなボトル入りの「高級ヨーグルト」という形態をとる。味という点でその対極にあるのが糞便微生物叢移植（ＦＭＴ）で、これは糞便移植とも呼ばれる。どう飾りたてようが、ＦＭＴの意味するところは、多かれ少なかれ（たいていは「少なかれ」のほうである）処理された自分以外のだれかのうんこを肛門から、もしくは口から自分の体に取りこみ、それにより有益な細菌を導入する、ということだ。「肛門から、もしくは口から」という表現を含む医療処置に触れるのは、それがなんであれ、できるだけ先延ばしにするに越したことはないだろう。そんなわけで、まずは高級ヨーグルトとほかのいくつかのプロバイオティクス食品から見ていこう。念のために言っておくが、これらは口から取りこむことを意図したものだ。

高級ヨーグルトを飲んでも効果はない

プロバイオティクスの商業市場を支配しているのは「発酵乳製品」、たいていはヨーグルトである。こうした製品にはさまざまな生きた細菌が含まれており、摂取すると、ヨーグルトの基本的な栄養価の効果に加えて、さらにいくつかの効果が得られるとされている。要するに、わたしたちはいま、暗黙の医学的効果をもつ商品であふれかえるうさんくさい世界に足をつっこみつつあるということだ。出先で飲むため（実質的な製品の量を少なく、利益を高く保つためではないかと疑う向きもある）の便利な小瓶に入ったヨーグルト飲料だけでなく、街を動きまわるあなたのエネルギーを補給してくれるシリアルバー、有益な細菌を増やしてくれる朝食用ライスシリアル、はては愛犬の腸内生物相の活気を保つプロバイオティクスのドッグフードまである。これは一大ビジネスで、二〇〇九年時点の英国における市場規模は一億六四〇〇万ポンドにのぼったという。[原注9] とはいえ、この数字でさえ、推定二六一億ドルという二〇一二年の全世界の市場規模をまえにするとかすんでしまう。しかも、今後さらに成長するとアナリストは予想している。[原注10] だが、それよりもはるかに大きな驚きは、そうした製品に効き目がないらしいことである。

これは大雑把でやや奔放な発言なので、きちんと説明しておくほうがいいだろう。多くのケースでは、プロバイオティクスのアプローチには効果があり、FMTのような臨床ベースのプロバイオティクス処置や、プロバイオティクスとあわせた抗生物質の投与などの用途には裏づけがあり、大きな利点を備えている可能性もある。それについては、このあとすぐに触れるつもりだ。それに対して、プロバイオティクス特性をほのめかす高価なヨーグルトなどの細菌を含む商品は、どんな効果であれ、それを裏づける証拠はほとんどない。だからといって、裏づけは不可能だとか、将来的にも裏づけられないというわけではないが、現在のところはそうした状況にある。本書執筆時点で、欧州食品安全機関（ＥＦＳＡ）と米ＦＤＡはその手の製品にかんするいかなる健康強調表示も承認しておらず、欧州のスーパーマーケットへ行っても「プロバイオティクス」という語を目にすることはないだろう。というのも、欧州では二〇一二年末以降、その語の使用が実質的に禁止されているからだ。[原注11]

食品パッケージに「プロバイオティクス」と書いたら、どう考えても、合理的な疑いの余地はいっさいなく、健康強調表示をしたことになる。たんに「細菌を含む」だけですませるわけにはいかない。というのも、第一にそれではほとんど価値がなく、第二にマーケティング上の大惨事を招くからだ。法律上、多くの食品は定められた範囲内で昆虫の「一部」を含んでもよいとされているが（畑から皿までのプロセス全体を考えると避けがたいため）、正気の製造業者なら「昆虫を含む」とパッケージに記載したりはしないだろう。[原注12]しかし、健康強調表示を許されず、したがって「プロバイオティクス」という語を使えない製造業者に残されているのは、製品に含まれる細菌に言及し、法律上ぎりぎりの線にできるかぎり近づいてそれを説明するという選択肢だけだ。そんなわけで、一〇年前ならたいていの人にとってなじみも意味もなかったはずなのに、いまやずっと昔から知られていたかのようにすらすら発音される学名が食品ラベル上で増殖している。昨今では、ヨーグルトの棚に並ぶラベルを声に出して読むと、祝禱を捧げているみたいな気分になる。ラクトバチルス・カゼイ・イミュニタス、カゼイ・シロタ、ビフィドゥス・レグラリス、ビフィドゥス・ディジェスティウム、永遠に生き、御国を治め給う（クイ・ヴィヴィス・エト・レグナス・イン・サエクラ）。アーメン。「生きたヨーグルト入りのシリアルバー」のように、「生きた」という語も増殖している。これは対になるもういっぽうの状態よりはたしかに売りになる。「死んだヨーグルトバー」が売れすぎなほど売れるとは想像しがたい。

世界各地の製造業者がプロバイオティクスという語を使えず、その語の使用が禁止されているのは暗黙の医学的効果を裏づける証拠がないせいであるなら、なぜこの業界はいまだに活況を呈しているのか？　おそらくその理由の一端は、文脈上ふさわしいと言えばふさわしいが、「プロバイオティクス」業界とメディアの「共生」関係にありそうだ。

プロバイオティクス・アプローチにはたしかに効果がある

わたしの言わんとするところを説明するためには、プロバイオティクス・アプローチが実際に効果を出している状況を検証する必要がある。その一例として最適なものが、子どもにおける抗菌薬関連下痢症（ＡＡＤ）だ。抗菌薬（抗生物質）は腸内細菌を一掃する。そして、高用量のラクトバチルス菌、ビフィドバクテリウム属菌、ストレプトコッカス属菌、もしくはサッカロミセス・ブラウディィ（酵母であり、したがって細菌ではなく真菌）を含むプロバイオティクスを単独または組みあわせて投与すると、子どもにおけるＡＡＤの予防もしくは軽減の効果を得られる可能性のあることが、筋のとおった、だが絶対に崩しがたいと言うほどではない証拠により示されている。とはいえ、この研究はまだ継続中であり、ＡＡＤ予防におけるプロバイオティクスの効果を評価するためには、さらなる研究が求められる。[原注13]

前段落のキーワードは「高用量」だ。この場合のプロバイオティクスは医学的に調製され、臨床の場で投与される。こうした試験は、近所の店で買ったヨーグルトドリンクをランチボックスに入れてサラちゃんに与えるようなものではない。これに関連し、プロバイオティクスの医学的使用の効果がある程度まで証拠により裏づけられているもうひとつの分野として、クロストリディオイデス（旧クロストリジウム）・ディフィシルに感染した際の下痢発症リスクの低下が挙げられる。

クロストリディオイデス・ディフィシル（Ｃ・ディフィシル）は、抗生物質を投与された人でよく問題を引き起こす細菌だ。普通なら腸内にいてもそれほど問題にならないが、抗生物質の使用により腸内群集が乱されると、この細菌が増殖して下痢、腹痛、高熱を引き起こす場合がある。また、ガスの蓄積による結腸の重度の膨張など、命を奪いかねない合併症につながるおそれもある。この感染症は医療の現場でよく見られるが、そうした現場では比較的高い割合の人が抗生物質を投与されていることからすれば当然だろう。数多くの研究やメタ分析（多数の研究の結果を集めて分析したもの）では、C・ディフィシルに関連する下痢の予防にかんして、プロバイオティクスが安全かつ効果的であることを示す「ほどほどの」証拠が得られている。AADのケースと同様、プロバイオティクスは大きな問題を解決する治療手段として関心を集めているが、まだ証拠が集められている最中であり、そこで使用されているプロバイオティクスは高用量かつ臨床的に投与されたものだ。[原注14]

プロバイオティクスは、早産児の壊死性腸炎（腸の一部の組織が死ぬ、つまり壊死を起こす症状）発症リスクの低下[原注15]やIBSでも効果が得られる可能性がある（ただし、効果のある細菌株、摂取量、効果を得られる患者については明らかにはほど遠い[原注16]）。乳糖不耐症にも効果があるかもしれない（こちらは「あなたがお望みなら試してもかまいませんが、まだ証拠を集めているところです」くらいの段階にある[原注17]）。業界の主張とは裏腹に、証拠による裏づけがないと確実に言えるのは、プロバイオティクスによる「免疫系強化」の効果だ。[原注18]

人が自分の健康に関心をもつのはあたりまえだし、IBSの増加、抗生物質耐性、プロバイオティクスによる腸内細菌補強の可能性といった「最新の」健康問題がメディアの注目を集めるのも当然の話だろう。多少なりともなんらかの効果があると主張してさえいれば、メディアはほぼどんな研究でも取りあげるようだ。まさにこの文を書いている現在（正午ごろ）、グーグル・ニュースで今日のニュースを検索したところ、世界のメディアにはすでにプロバイオティクスにかんする記事が八本存在している。うち六本は、規制当局がプロバイオティクスという語の使用を厳しく規制し、一般消費者向け商品の効果をまだいっさい認めていない欧州または米国内のニュースソース発の記事である。思い出してほしいが、欧州では製品に「プロバイオティクス」と記載することはできない。その欧州の記事のうち三本は、ヨーグルトの写真を掲載しているのだ。しかも、記事に出てくる研究は、ヨーグルトにはいっさい言及していないのに！

ヨーグルトの写真は「プロバイオティクス」の視覚的な省略表現になっている。そんな状況で、欧州食品安全機関などの組織がその語の使用について何を言おうが、だれが気にするだろうか？メディアがプロバイオティクス（ほぼつねに好意的に報じられる）と特定の製品をあれほど強く結びつけている状況で製品表示の規制をしたところで、たいていはほぼ無意味だ。「発酵乳製品」は「プロバイオティクス」であり、したがって「健康上の効果」があるというメッセージを製造業者は広めたがっている。だが、少なくとも現時点では、そうした主張をするだけの証拠がないため、そのメッセージを伝えることは許されていない。さいわい、製造業者は規則をきっちり守りとおせる。そうしているあいだにも、メディアが延々と「プロバイオティクス」を好意的に扱い、ときどき細菌「汚染」を差しはさみつつも、臨床的介入にかんする信用できる医学的証拠と高価すぎるヨーグルト飲料の域を出ないものとをじかに結びつけてくれるのだから。なんともみごとな手口ではないか。

「反対側の口」はどう？

ヨーグルトなどの食品中で培養されたマイクロバイオータの細菌を摂取するのは、そうした細菌を体内に取りこむ手段のひとつになるが、いくつか明らかな問題がある。第一に、消化管内にいる細菌は多数の種、多数の株からなる複雑な群集をかたちづくり、消化管のさまざまな領域によって違いがあることがわかっているが、「プロバイオティクス」製品は必然的にそうした多様性を欠いている。第二に、口から摂取されるが、消化管のもっと肛門寄りの場所（結腸など）を行き先とする細菌は、その意図する目的地にたどりつくまでにおそろしく困難な旅をしなければならない。うんこに含まれる細菌が数の多さでも多様性の高さでも腸内群集をおおむね反映していること、そして口よりも肛門のほうが細菌の多い消化管部位に近いことを考えれば、腸内マイクロバイオータに変化を与える（そもそもそれがプロバイオティクス・アプローチの肝である）手段として、培養されたプロバイオティクスの摂取よりも

効果がありそうな方法を思いつくのは難しいことではない。いくらかのうんこを摂取する、さらに理想を言えば、下のほうから押しこめばいいではないか。

糞便微生物叢移植（ＦＭＴ）では、清々しいほど単純なテクニックが用いられる。その手順は、ドナー（提供者）からうんこを採取し、少しだけ処理し、レシピエント（被移植者）の腸に挿入するというものである。英国国立医療技術評価機構（ＮＩＣＥ）の表現を借りれば、「ドナーの糞便を採取し、水、生理食塩水、もしくは牛乳やヨーグルトなどの液体で希釈したのち、濾過して大きな粒子を取り除く。[原注19] これにより得られた懸濁液を経鼻胃管、経鼻十二指腸管、直腸浣腸、もしくは結腸内視鏡の生検チャンネルをつうじてレシピエントの腸内に導入する」。つまりは、自分以外のだれかのうんこを濾過したものとそのだれかのマイクロバイオータを、表玄関もしくは裏口からあなたの腸内に入れるということだ。

ＦＭＴは実際に効果があるが、現時点では、この方法が使われるのはクロストリディオイデス・ディフィシル感染症（ＣＤＩ）患者にほぼ限定されている。ここで重要なのは「現時点では」というところだ。なにしろ、この分野は動きが速く、新たな治療機会の可能性が山ほどある。[原注20] ＣＤＩの場合、証拠を見るかぎり、ＦＭＴは奇跡の治療法の感がある。複数の医学論文では、再発性ＣＤＩ患者の九〇％がＦＭＴにより治癒したとされている。[原注21] ＣＤＩが増加しており、場合によっては命にかかわることを考えると、安全で効果的なＦＭＴは、抗生物質による攻撃を続けるよりもはるかに安価で賢明な治療法になる。当初は懐疑的な見方もあったが、それにとってかわるように、FMTを再発性CDI治療の「頼みの綱」と主張し、実施のためのプロトコルと手順を提案する論文が増えている。

言うまでもなく、次のステップは、FMTをIBD患者の治療オプションとして検討することだ。この可能性はかなりの熱意を集めており、多くの研究者が潰瘍性大腸炎とクローン病の治療法としてFMTを検証している。どちらについても、それなりの成果を示す興味深い事例研究がいくつか存在するが、事例研究から説得力のある証拠基盤とその先の治療へと前進するためには、多数の患者を対象として適切に定義・実施された試験が求められ、現時点ではそこまで行っていない。[原注22]

腸内にすむごく小さな単細胞の細菌とは無関係だと当初は思われていた疾患でも、腸内マイクロバイオータの重要性が明らかになっている。その知識からすれば当然の流れだが、FMTは驚くほどさまざまな疾患において、いますぐ使える治療の選択肢ではないにしても、真剣に調査すべき有望な候補になっている。IBD治療のほか、科学者たちはすでにIBS、メタボリックシンドローム（糖尿病、肥満、高血圧という危険な三大症状を特徴とし、英国では成人のじつに四人に一人が該当する）、自己免疫疾患、アレルギーの治療オプションになりうるもの（この慎重な言い方に留意）としてFMTの研究を進めている。[原注23]

第八章では、肥満の人から採取した微生物にやせることに関与する細菌を加えて無菌マウスに移植したらそのマウスが太りにくくなったこと、つまりやせに関連する微生物群集を肥満の治療法として利用できる——もちろん、食事療法や運動と併用するが——可能性があることに触れた。これもあなたの内なる芝生を植えかえるプロバイオティクス・アプローチのひとつである。そして、庭の芝生をあれこれ心配するのと同じように、微生物治療もまた「先進国」の問題に対する「先進国」の解決策だと思う人がいても無理はない。だが、長い目で見ると、かならずしもそうとはかぎらない。

クワシオルコルは開発途上国の人に多く見られる栄養失調の一形態だ。多くの症状を引き起こし、まだ完全には解明されていない。おそらく、もっともすぐにそれとわかる症状は、栄養の継続的な確保が難しい地域の子どもによく見られる「ぽっこり腹」だろう。マラウイの双生児を対象にした研究では、クワシオルコルの症状がある子どもから採取した微生物を無菌マウスに移植したところ、栄養失調もレシピエントのマウスに受け渡された。驚いたことに、その子の双子のきょうだいで、クワシオルコルになっていない子の微生物を移植されたマウスは栄養失調にならなかった。研究はまだ続いているが、現在の目標は無菌マウスから離れることだ。それにかわる研究手法は高価なうえに簡単とはほど遠いが、いつの日か、試験管を用いたシステム、そして究極的にはＤＮＡ配列にもとづくコンピューターモデリングにより、疾患や有望な治療オプションと細菌とのつながりを安価に調べられるようになるだろう。そしてその可能性は、すでにじりじりするほど近くに見えている。[原注24]

第一一章

船長の日誌——終わりに……

第一章で便座にすわってうんこについて考えてから、わたしたちははるばる遠くまでやって来た。とはいえ、糞便微生物叢移植（FMT）がまだ記憶に新しいことを思えば、出発地点に戻ってきたとも言えるかもしれない。たしかに、学ぶところの多い周遊旅行だった。トイレ、キッチン、手指衛生（とその欠如）、わたしたちが口にする食べもの、わたしたちが使用・乱用する薬、わたしたちの隠れた内なるジャングル、免疫系、メンタルヘルス、肥満、アレルギー。その途中で、少なからず細菌生物学にも寄り道した。

細菌はわたしたちの生の営みに途方もない影響をおよぼしている。もっと言えば、細菌がいなければ、わたしたちはまったく「わたしたち」ではない。わたしたちの体のほぼすべての細胞のなかには、ミトコンドリアと呼ばれる小さな構造があり、呼吸の化学プロセスがそこで進行している。原始スープの時代までさかのぼれば、このちっぽけな構造は自由に生きる細菌だった。どこかの時点で、生命の進化における決定的に重大な瞬間が訪れ、大きな細胞がその小さな細菌を飲みこんだ。ふたつの細胞は、大きいほうが小さいほうを消費するかわりに、親密なパートナーシップを築きはじめる。それが植物、動物、真菌、そしてわたしたちが周囲で目にするありとあらゆるスケールの大きい複雑な生命につながった。パートナーシップやかかわりあいは、わたしたちの体のなかや表面で生きる細菌とのあいだにも存在する。そうした細菌とわたしたち、そして健康との相互作用は複雑だ。本書で見てきたように、その相互作用を解明するためには、わたしたちの体を「わたしたちのもの」としてではなく、複雑に絡みあう生態系として理解する必要がある。それはなかなかの飛躍だ。

わたしたち全員が直面している問題は、人間と細菌の複雑な関係を科学が解きほぐしつつあるいっぽうで、興奮至上主義のメディアをつうじて、点滴さながらに情報、解釈、理論、反論を絶えまなく浴びせかけられていることである。健康への執着と、新研究をしきりに報道してもらいたがる科学界の組みあわせにより、ややこしい科学情報がこれまでになく押しつけられるようになっている。だが、世間一般の人々は自分が読んでいるものの制約事項や暗黙の意味を正しく判断するだけの知識をいつももっているわけではない。それは世間一般の人々にかぎった問題ではない。わたしの知る専門分野の科学者のなかにも、新たに公開される知見や論文、さらにはホースのように情報をはてしなくほとばしらせるツイッター、フェイスブック、メールに飲みこまれ、ときに溺れているような気分になる人がおおぜいいる。

電子情報の時代が到来するまえの科学は、おおむね閉じたドアの向こうで進行していた。そこでは、理論が発展して証拠が集まるのにあわせて科学的コンセンサスを形成していくことができた。そして、じゅうぶんな時間をかけて、そのコンセンサスが「クラブ」からもっと広い世界へと出ていった。その時代の科学は——いまもそうだが——報道価値のある「ひらめき」の瞬間に満ちていたわけではなく、小さな、とりたてて重要ではない知見がひとつひとつ煉瓦のように、たいていは見えないところで積み重ねられ、最後にようやくコンセンサスができあがる、時間と手間のかかるプロセスだった。世間の人々が目にするころには、「家」はもう建っている。もちろん、新しい知見が得られるのに応じて、いくつかの窓やドアがあちらこちらに追加されるかもしれないが、全体の構造にははっきりした輪郭があり、しっかりした土台に支えられていた。

科学が即座に世に供される新世界は、じつにエキサイティングだ。なんといっても、「家」が建てられていくところをだれもが見られるのだから。問題は、その「家」がどんなふうになるかを、わたしたちが想像せずにはいられないことにある。IBD、IBS、アレルギー、肥満と腸内細菌の関係、あるいはプレバイオティクスやプロバイオティクスや糞便移植（FMT）の効能に触れたメディアの記事を読んだ人が、その内容をすでに完成したものだと考えてしまうのも無理はないだろう。だが、ジャーナリストが屋根裏部屋のカーペットの色をあれこれ取り沙汰するのをよそに科学者がまだ基礎を掘っている、というのはよくある話だ。とはいえ、ひとつだけ、絶対確実なことがある。わたしたちの未来の医療では、細菌が重要なパートナーになるはずだ。あなたが次にトイレを流すときには、それについて思いをめぐらせてみる価値はあるだろう……。

謝辞

ＢＢＣラジオの科学部門がわたしを庇護し、その途中のどこかで腸内細菌にかんするドキュメンタリーを担当させてくれなかったら、本書が書かれることはなかっただろう。そこでともにはたらく喜びを得たすべてのすばらしい人たちに感謝する。厳しさを増すいっぽうの予算削減に直面しつつも、彼らは最高品質の科学ドキュメンタリーの制作を続け、ＢＢＣラジオ４とＢＢＣワールドサービスで放送している。それがこの先もずっと続くことを願う。

監修者解説

わたしたちの命を支える腸内細菌

増田隆一

本書のタイトルは衝撃的である。しかし、読み始めればすぐに、本書が、極めてまじめな「腸内細菌とヒトの日常生活との深い関係」を知るすぐれた科学読み物であることがわかる。

最近では、「腸活」という言葉が一般的に広く使われるようになった。ご存知のように、「腸活」とは、食べ物などの生活習慣に気をつけ、腸内の環境を整えて健康を保つことである。同時に、「腸内細菌」、「善玉菌」、「悪玉菌」という用語も知られるようになった。善玉菌として乳酸菌やビフィズス菌が含まれるという健康飲料や錠剤のサプリメントも市販されている。

このような現状のなか、本書は、「腸活」を総合的かつ科学的によりよく理解するために的を得た読み物といってよいであろう。とくに、腸内細菌の基本的なはたらき、細菌に対する公衆衛生的なとらえ方、胃腸疾患と細菌の関連性について、わかりやすくひも解いてくれるので、何度も目からウロコが落ちる。

著者のアダム・ハートさんは、英国において動物学の分野で博士号を取得したのち、進化学や生態学に関する多くの著書を出版している。テレビキャスターとしても活躍してきた著者は、読み手の気持ちを心得えていて、本書の原著でも快活な文章を展開している。細菌の分子生物学や医学の専門用語を使って説明する際にも、ウイットに富み興味を引く例をあげているため、専門外の読者が置いてきぼりになることがない。さらに、各所で紹介されている研究内容は、学術文献または公的機関のウェブサイトの情報に基づいているため、科学的な信頼度が高い。

また、翻訳者の梅田智世さんは、原著における各場面の展開と雰囲気を的確にとらえ、一般の読者に理解しやすい訳文に心がけているため、全体を通してとても読みやすい。

各章のタイトルの表現もかしこまらず、読者に語りかけるような柔らかい感じがいい。たとえば、第一章のタイトルは、いきなり、「気持ちよくうんこしていますか?」こうくれば、読者はあとに引き下がることはできないだろう。自然とページをめくることになる。そして冒頭では、本書の主人公となる腸内細菌とは何か、についてわかりやすく紹介されている。わたしたちの排泄物の主な成分には、水分以外に、固形物として食物の未消化物、腸管壁から剝がれ落ちた粘膜組織、そして、細菌を含む微生物とその死骸が含まれている。

著者がいうように、細菌の一般的な特徴としての三点は、細菌は顕微鏡でなければ見えないほど小さい、極めて多数が生息する、そして、地球上のありとあらゆる場所に分布していることである。つまり、生き物の腸管内が細菌の生活の場となっても不思議ではない。

一方、生き物の分類体系において、最も上位の分け方にドメインがある。ドメインは、真正細菌（ユーバクテリア）、古細菌（アーキア）、真核生物という三つのカテゴリーに分けられる。生き物のうち、ヒトを含む真核生物以外はすべて細菌の仲間であり、細菌は単細胞で生活する原核生物である。真核生物、原核生物とは何か、などこのあたりのことは本文でわかりやすく説明されている。

動物の腸管は、口から肛門までを貫く一本の管であるため、腸管の内部環境は体の内とも外ともとらえることができる。そのため、母体内で無菌状態であった胎児は、生まれた瞬間から、外界にいる無数の細菌にさらされることとなり、細菌は新生児（宿主）の口と肛門から侵入し、宿主の生涯にわたり腸管内に住みつくようになる。それが腸内細菌だ。

どんな細菌でも腸管内に寄生できるわけでなく、腸内細菌群集の組成（種と数）は、宿主となる個体の遺伝的背景や食習慣などの生活環境との相性によって特徴づけられる。極端なことをいえば、ヒト・イヌ・ネコの間では腸内細菌の組成は明らかに異なる。さらに、ヒトひとりに着目しても、健康状態によって腸内細菌の組成は変化するが、各人の腸管における細菌の特徴はある程度保たれるという。その組成には個性があり、個人ごとに異なるのだ。一卵性双生児でさえ組成が異なる一方、無関係のヒトに比べれば、家族内の細菌群の組成はずっと似たものになる傾向がある。体内環境の指紋と考えることもできるという。細菌の種々のはたらきも考え合わせると、まさに、腸内細菌は、「もうひとりの自分である」といえるのではないだろうか。

さて、細菌と聞いてすぐに思い浮かぶのは、感染症を引き起こす病原体だ。一般的に、細菌という言葉のイメージはあまりよくないかもしれない。

しかし、本書全体を通して一貫していることは、腸内細菌は、元来、私たちの体内で生活しており、適切な場所にいればすべてが悪というのではなく、宿主の体内環境という生態系のなかでコミュニケーションをとりながら生活する構成員としてとらえられている点である。体内生態系のなかで、宿主に悪さをする細菌はわずかであり、人間社会の都市と同様に、そこにすむ住民全員が悪者というわけではない。要は、細菌の群集がバランスよく生育し維持されていることが、宿主であるヒトの健康につながるのである。ヒト（宿主）は腸内細菌に生活の場を与えていると同時に（そのほか皮膚の表在菌も含めて）、かれらに命を支えられているのだ。

腸が生態系としてとらえられるようになったのは最近のことで、細菌を病原体としてだけでなく、健康維持に不可欠なものと考え、生物医学がその路線を進んでいることはまちがいないと著者は力説する。

たとえば、腸疾患である炎症性腸疾患（クローン病、潰瘍性大腸炎）や過敏性腸症候群が腸内細菌と深い関連性がある研究報告も紹介されている。さらに、一般的に知られるアレルギー、湿疹、喘息、肥満、うつ病などの症状にも腸内細菌が重要な役割を果たしていることが明らかになりつつある。また、胃潰瘍との関連が指摘されているピロリ菌などについても、宿主と複雑な生態学的関係を築いている可能性が医学分野で議論されているという。

このように、私たちの生活習慣の変化により腸内細菌との関係を損ない、細菌群集の生態学的バランスが崩れることにより、様々な症状が起きる可能性が指摘される。

さらに、本書では、下痢症状などを引き起こす毒性をもつ大腸菌、赤痢菌、サルモネラ菌の感染の危険性についても言及されている。これらも元来、腸内細菌であり、前述のようにその群集がアンバランスになった際に増殖し、病原体と認識される。

特に、鶏卵や鶏肉を通してサルモネラ菌がヒトへ感染する可能性が、比較的多くのページを割いて紹介されている。欧米には生卵を食べる習慣がないのに対し、日本では卵かけご飯やすき焼きなどの際に生卵を食べる習慣がある。食習慣の地域性が、著者による話題の重点の置き方に影響しているものと思われる。

もちろん、サルモネラ菌による食中毒には大いに気をつける必要がある。日本でも養鶏場での飼育衛生面でサルモネラ菌の感染を防ぐために細心の注意が払われ、さらに産卵後に卵殻表面を洗浄・殺菌された生卵が市場に出荷されている。加えて、消費者が賞味期限や家庭での保存方法に注意を払う必要があることはいうまでもない。

ヒトの感染症との戦いには、ペニシリンに始まる抗生物質が救世主として大きな役割を果たしてきた。一方で、たとえば、ＭＲＳＡ（メチシリン耐性黄色ブドウ球菌）のような抗生物質耐性菌が院内感染も引き起こしていることは、大きな社会問題となっている。本書では、病気の治療および成長促進目的で家畜飼料へ添加される抗生物質に対する耐性菌出現のメカニズムが、突然変異と自然選択によって説明されている。また、抗生物質耐性遺伝子の細菌間の水平伝播をになうプラスミドにも言及されている。そのしくみの説明には、コンピューター間でデータを移動させるＵＳＢドライブを例にあげており、一般読者にはとてもわかりやすい。抗生物質の研究も日進月歩で進行しており、耐性菌に対抗できる種々の対策が期待される。

このように、細菌に対しては感染症や薬剤耐性という厄介な現象が懸念されるが、日常の生活に気をつけるだけで、それに感染する危険性はかなり低下させることができる。その方法として、著者は、無殺菌の食品を避ける、二次汚染に気をつける、細菌に汚染されている可能性があるものを扱ったあとと調理のまえには手を洗うことが有効であると述べている。

この数年間、私たちを悩ませてきた新型コロナウイルスによるパンデミックへの対策として、人混みを避けること、手洗いとうがいの励行、が推奨されてきた。このような基本的対策は、細菌の感染に対しても同様に当てはまる。要するに、物理的に細菌に触れる機会を少なくする、体表に付着した細菌を洗い落とす、または、消毒殺菌する、ということだ。

宿主と腸内細菌が多様な関係を保ちながら進化した結果として、細菌の活動がわたしたちに恩恵をもたらしていることも事実だ。

たとえば、わたしたち宿主が食べた食物の消化を助けてくれる。顕著な例として、ウシやヤギのような草食哺乳動物の腸内細菌には、多糖類であるセルロースを分解できる細菌が含まれている。昆虫のシロアリにおいても、セルロースを分解してくれる腸内細菌がいて、木材までも食べて消化できるのだ。また、一部の腸内細菌は、宿主が生きていくために必要なビタミンを産生したり、食物中の重要な金属の吸収を助けている。

さらに、宿主と腸内細菌の共進化は、宿主にとって有害な細菌を排除しながらも、同時に有益な細菌を認識できるような方法を確立してきたことも明らかになっている。

また、実験用マウスを用いた実験の段階ではあるが、腸内細菌は脳の化学的性質にも影響し、学習、記憶、情動行動を変化させることもわかってきたという。腸内細菌がわたしたちの考え方や行動を変化させるならば、腸内生態系を安定させる意義は極めて大きいだろう。

では、腸内生態系を安定させるにはどうしたらよいか？

本書では、体内環境を管理し、有益な細菌が繁殖できる食物を与える手段をプレバイオティックスであると説く。似た言葉のプロバイオティクスとは、有益な細菌を宿主の口または肛門から直接導入する方法である。最近話題となっている腸活のサプリメント（栄養補助食品）には、そのどちらかに該当するものが含まれている。本書で述べられているように腸内細菌とヒトの健康の関係については、その医学的研究が日進月歩で進んでおり、関連したサプリメントを製造・販売する側にも消費する側にも、確かな科学的根拠に基づく慎重な対応が求められる。
結局のところ、適切な腸活とは、「バランスのよい食事と適度な運動」に行き着くのではないか。それを説明するために本書はあると思われる。

解説の最後になったが、排泄物の世界について考えるとき、体外へ排泄された後の排泄物の運命に焦点を当てることも重要ではないかと感じている。生き物の内なる世界から排泄された排泄物は、食物網や分解者を通して、外の世界に広がる地球生態系（陸上生態系、河川生態系、海洋生態系など）において物質循環や種子散布などの重要な役割を担っている。排泄物は、生き物どうしの命をつなぎ、生き物と生態系を結ぶ仲介者でもある。また、多細胞生物が誕生して以来、消化管や消化機能も進化し、排泄物のでき方や特徴も変化してきた。このような排泄物と地球生態系や進化との関係についてさらに詳しく考えたい方には、入門書として拙著『うんち学入門――生き物にとって「排泄物」とは何か』（増田隆一著、講談社ブルーバックス、二〇二一年）も読まれることをお薦めする。

ている。いつの日か、そうした疾患の診断や治療に役立つ腸内細菌株を発掘できるようになるかもしれない」
21. C.ディフィシル感染症治療におけるFMTの驚異的な成果は、こちらで論じられている：Bakken et al. 2011 Treating Clostridium difficile infection with fecal microbiota transplantation. *Clinical Gastroenterology and Hepatology* 9: 1044–1049
22. FMT治療のすばらしき新世界については、こちらで論じられている：Borody and Khoruts 2012 Fecal microbiota transplantation and emerging applications. *Nature Reviews Gastroenterology and Hepatology* 9: 88–96
23. FMTの潜在的な用途については、こちらを参照：Borody and Khoruts 2012 Fecal microbiota transplantation and emerging applications. *Nature Reviews Gastroenterology and Hepatology* 9: 88–96
24. この注目に値する研究はこちら：Smith et al 2013 Gut microbiomes of Malawian twin pairs discordant for kwashiorkor. *Science* 339: 548–554。この研究をとりあげた興味深い、どことなく戦闘ラッパのようなおもむきがある記事はこちら：Knight 2015 Why Microbiome Treatments Could Pay Off Soon. *Nature* 518: S5

ば、挽いたコショウの対策要求レベルは、「50グラムあたり平均475個以上の昆虫の断片」と「50グラムあたり平均2本以上の齧歯類の毛」となっている。おいしそうではないか！

13. AADとプロバイオティクスにかんする研究のすぐれたまとめをこちらで読める：http://www.cochrane.org/CD004827/IBD_probiotics-for-the-prevention-of-pediatric-antibiotic-associated-diarrhea-aad
14. 長期的なC.ディフィシル感染におけるプロバイオティクスの有用性がこちらで論じられている：http://www.cochrane.org/CD006095/IBD_the-use-of-probiotics-to-prevent-c.-difficile-diarrhea-associated-with-antibiotic-use
15. 「早産児における壊死性腸炎の予防にかんするプロバイオティクス」の効果については、こちらを参照：http://www.cochrane.org/CD005496/NEONATAL_probiotics-for-prevention-of-necrotizing-enterocolitis-in-preterm-infants
16. プロバイオティクスとIBSにかんするレビューはこちら：Moayyedi et al 2010 The efficacy of probiotics in the treatment of irritable bowel syndrome: a systematic review. *Gut* 59: 325–332。「プロバイオティクスはIBSに効果があるようだが、効果の大きさやもっとも効果的な菌種および菌株は断定できない」と結論づけられている。
17. 乳糖不耐症に関連するプロバイオティクスの情報はこちらを参照：www.nhs.uk/Conditions/probiotics/Pages/Introduction.aspx#lactose
18. 幅広い疾患の治療法という点からプロバイオティクスを論じた、たいへん読みやすくてバランスのとれたまとめはこちら：www.nhs.uk/Conditions/probiotics/Pages/Introduction.aspx.
19. FMT手順(このケースでは再発性C.ディフィシル感染症の患者における手順）はこちらで紹介されている：www.nice.org.uk/guidance/ipg485/chapter/3-the-procedure。簡潔で要領を得ているので、全文を引用する価値がある：「手順実施前に、ドナー（家族でも非血縁者でもよい）の腸内の病原性細菌、ウイルス、寄生虫の有無を検査する。ドナーの糞便を採取し、水、生理食塩水、もしくは牛乳やヨーグルトなどの液体で希釈したのち、濾過して大きな粒子を取り除く。これにより得られた懸濁液を経鼻胃管、経鼻十二指腸管、直腸浣腸、もしくは結腸内視鏡の生検チャンネルをつうじてレシピエントの腸内に導入する。腸内のC.ディフィシル量を減らすために、レシピエントは移植前に腸洗浄を受けてもよい」
20. そうした機会のいくつかが、こちらのたいへん読みやすいレビュー論文で考察されている：Smits et al 2013 Therapeutic potential of fecal microbiota transplantation. *Gastroenterology* 145: 946–953。たとえば、「過敏性腸症候群、炎症性腸疾患、インスリン抵抗性、多発性硬化症、特発性血小板減少性紫斑病」などがある。最後のひとつは、わたしも知らなかった——もう少し一般的かつ的確な名称として、免疫性血小板減少症とも呼ばれる。これは血小板に関係する自己免疫疾患で、この病気の患者はあざや出血を起こしやすい。この論文の著者らは、次のように述べている。「腸内マイクロバイオーム、肥満、心代謝性疾患……の相互作用への注目が高まっ

as sources of prebiotics and functional foods. *International Journal of Food Properties* 5: 949–965

4. 食物に含まれるプレバイオティクスのさらなる検証と、プレバイオティクスに関連する多数の物質のさまざまな役割にかんする有益な情報をこちらで読める：Al-Sharaji et al. 2013 Prebiotics as functional foods: a review. *Journal of Functional Foods* 5: 1542–1553
5. ひとつだけソースを挙げるなら、こちらが非常に有益である：Gibson et al. 2010 Dietary prebiotics: current status and new definition. Food Science and Technology Bulletin: *Functional Foods* 7: 1–19
6. この研究分野の知見の一部は、こちらで提供されている：DiBaise et al. 2012 Impact of the gut microbiota on the development of obesity: current concepts. *The American Journal of Gastroenterology Supplements* 1: 22–27。こちらでも：Da Silva et al. 2013 Intestinal microbiota; relevance to obesity and modulation by prebiotics and probiotics. *Nutrición Hospitalaria* 28: 1039–1048
7. プレバイオティクスにかんする最新の展開をまとめて読めるすぐれた論文はこちら：Rastall and Gibson 2015 Recent developments in prebiotics to selectively impact beneficial microbes and promote intestinal health. *Current Opinion in Biotechnology* 32: 42–46
8. イリヤ・イリイチ・メチニコフの興味深い科学者人生をめぐる洞察をこちらで読める：www.nobelprize.org/nobel_prizes/medicine/laureates/1908/mechnikov-bio.html
9. 英国に焦点をあてたプロバイオティクス全般にかんする興味深い記事をこちらで読める：www.theguardian.com/theguardian/2009/jul/25/probiotic-health-benefits
10. MarketsandMarkets社によれば、2012年のプロバイオティクスの世界市場の価値は260億ドルだった：www.marketsandmarkets.com/PressReleases/probiotics.asp。成長の推定はこちら：www.marketsandmarkets.com/Market-Reports/probiotic-market-advanced-technologies-and-global-market-69.html
11. 欧州の禁止令と業界への影響にかんする読みやすい記事はこちら：www.foodmanufacture.co.uk/Regulation/Probiotics-ban-leads-to-marketing-revolution。業界内には、禁止が撤回される可能性に期待を寄せる人もいる。こちらを参照：http://www.foodmanufacture.co.uk/Regulation/Probiotic-generic-descriptor-application-moves-on。欧州の状況をQ&Aでわかりやすくまとめたページはこちら：www.fsai.ie/faqs/probiotic_health_claims.html#approved_prebiotic_claim〔アクセス不可：2024年7月19日——訳注〕。FDAの禁止令にかんする情報と、規制が研究の制約となる可能性をめぐる興味深い考察をこちらで読める：www.sciencedaily.com/releases/2013/10/131017144630.htm
12. 米国で許容されている各種商品中の昆虫量の上限は、FDAが公開した*Defect Levels Handbook*に記載されており、こちらからアクセスできる：www.fda.gov/food/guidanceregulation/guidancedocumentsregulatoryinformation/sanitationtransportation/ucm056174.htm。じつに興味をそそる読みものだ。たとえ

7．注３で挙げたSmith et al. 2012では、20世紀後半の社会の変化をきっかけに、家庭における清掃のアプローチが以前よりも表面的なものになり、スピード、手軽さ、見かけ上の清潔さが疾病予防よりも重要になったと主張されている。
8．こちらで論じられている：Bloomfield et al. 2006 Too clean or not too clean: the Hygiene Hypothesis and home hygiene（上の注５参照）
9．この興味深い研究はこちらで読める：Kondrashova et al. 2005 A six-fold gradient in the incidence of type 1 diabetes at the eastern border of Finland. *Annals of Medicine* 37: 67–72
10.「旧友仮説」はこちらの論文で最初に提唱された：Rook et al 2004 Mycobacteria and other environmental organisms as immunomodulators for immunoregulatory disorders. *Springer Seminars in Immunopathology* 25: 237–255
11. グラハム・ルークは2012年に*Microbe* 7: 173–180で発表されたA Darwinian view of the hygiene or 'Old Friends' hypothesis のなかで、「旧友」仮説をきれいにまとめている。
12. この考え方は、注10で挙げた参考文献のなかでGraham Rookが論じている。同論文内に記載されている参考文献でも触れられている。
13. うつ病の抗炎症治療は、こちらのメタレビュー（さまざまな種類の研究から集めたデータを分析するもの）で検証されている：Köhler et al. 2014 Effect of anti-inflammatory treatment on depression, depressive symptoms, and adverse effects: A systematic review and meta-analysis of randomized clinical trials. *JAMA Psychiatry* 71: 1381–1391。サイトカインとうつ病については、注10で挙げた参考文献のなかで、Rookが「旧友」仮説に照らして論じている。
14. 自閉症と腸内細菌の関連や、そのほかの脳と体内生態系のつながりにかんする研究については、こちらで論じられている：Schmidt 2015 Mental health: Thinking from the gut. *Nature Innovations in the Microbiome* 518: S12–S15

第一〇章　それ、本当に食べますか？

1．2015年１月30日に発表されたFDAのニュースリリース*United States enters consent decree prohibiting illegal distribution of Luvena Prebiotic products*はこちらで読める：www.fda.gov/NewsEvents/Newsroom/PressAnnouncements/ucm432505.htm〔アクセス不可：2024年7月19日。同リリースはhttps://www.einpresswire.com/article/247291642/united-states-enters-consent-decree-prohibiting-illegal-distribution-of-luvena-prebiotic-productsで閲覧可能――訳注〕
2．概念としてのプレバイオティクスは、こちらの論文で提唱された：Gibson and Roberfroid 1995 Dietary modulation of the human colonic microbiota: introducing the concept of prebiotics. *The Journal of Nutrition* 125: 1401–1412
3．プレバイオティクスの源としての各種の果物と野菜の分析は、こちらで実施された：Jovanovic-Malinovska et al. 2014 Oligosaccharide profile in fruits and vegetables

208–215。こちらでも論じられている：*Could an apple a day protect against obesity*、www.medicalnewstoday.com/articles/283223.php

11. この心底興味深い研究は、こちらで実施された：Chen et al. 2014 Incorporation of therapeutically modified bacteria into gut microbiota inhibits obesity. *The Journal of Clinical Investigation* 124: 3391–3406。研究チームによるまとめと知見の一部をこちらで読める：news.vanderbilt.edu/2014/07/bacteria-prevent-obesity/
12. この思慮深い言葉は*Could a probiotic prevent obesity*と題した記事で引用されている：www.medicalnewstoday.com/articles/280078.php

第九章 「旧友」とのつきあいを続けるほうがよい理由

1．世界全体での喘息の増加は、世界保健機関のファクトシート・ナンバー 206で扱われている：www.who.int/mediacentre/factsheets/fs206/en/〔アクセス不可：2024年7月19日。喘息についてのファクトシートは次で閲覧可能：https://www.who.int/news-room/fact-sheets/detail/asthma——訳注〕
2．デイヴィッド・ストラカンの当該論文はこちら：Strachan 1989 Hay fever, hygiene and household size. *British Medical Journal* 299: 1259–1260
3．この点は、2012年にInternational Forum of Home Hygieneが公開したRosalind Smith、Sally Bloomfield、Graham Rook（「旧友」仮説との関連でもこの名前に注目してほしい）によるすぐれたレビュー、*The Hygiene Hypothesis and its implications for home hygiene, lifestyle and public health*で触れられている。このテーマに興味があるなら、読む価値はじゅうぶんにある。広範囲を網羅しており、専門的な部分もところどころにあるものの、全体として非常にわかりやすく、読みやすく、ためになる。
4．世帯規模とアレルギー性疾患の関連の一部は、この説の創始者であるDavid Strachanが次の論文で論じている；Strachan 2000 Family size, infection and atopy: the first decade of the 'hygiene hypothesis'. *Thorax* 55: Supplement 1 S2–S10。ストラカンはこの関連を次のようにまとめている。「世帯規模とアレルギー感作の逆相関はいまだ謎めいているが、西洋社会におけるアトピー性疾患増加の根本原因の探索において有益な手がかりになる可能性がある」。本章の注3と5にある文献でもこの点にかんする論考が読める。
5．この話題に興味があるなら、こちらの参考文献もおすすめする：Bloomfield et al. 2006 Too clean or not too clean: the Hygiene Hypothesis and home hygiene. *Clinical and Experimental Allergy* 36: 402–425
6．このレビューはこちら：*The Hygiene Hypothesis and its implications for home hygiene, lifestyle and public health* by Rosalind Smith, Sally Bloomfield and Graham Rook published by the International Forum of Home Hygiene in 2012（本章の注3でも挙げている）

html。一卵性双生児の遺伝的差異を明らかにした研究はほかにもあり、いくつかは*Scientific American*のたいへん読みやすい記事でとりあげられている：www.scientificamerican.com/article/identical-twins-genes-are-not-identical/

4. わたしたちの腸内マイクロバイオータは、時とともに、疾患などの要因により変化することがあり、実際に変化しているものの、ライフスタイルや食事の変化に直面しても長期的には比較的安定した状態が保たれることは、多くの研究で明らかになっている。たとえばこちら：Martinez et al. 2013 Long-term temporal analysis of the human fecal microbiota revealed a stable core of dominant bacterial species. *PLoS ONE* DOI: 10.1371/journal.pone.0069621。文字どおりみずからの手を汚して、研究対象者のうんこを日々追跡した研究者もいる：Durbán et al. 2012 Daily follow-up of bacterial communities in the human gut reveals stable composition and host-specific patterns of interaction. *FEMS Microbiology Ecology* 81: 427–437。腸内群集の安定性はこちらでも論じられている：Lozupone et al. 2012 Diversity, stability and resilience of the human gut microbiota. *Nature* 489: 220–230。この論文では、「生態学的観点からマイクロバイオータを見れば、そうした細菌群集に的をしぼって健康を促進する臨床治療方法にかんする知見が得られる可能性がある」という重要な事実も強調されている。
5. この知見はこちらで発表された：Goodrich et al. 2014 Human genetics shape the gut microbiome. *Cell* 789–799
6. ここでもマウスのマイクロバイオータがモデルシステムとなっている。この研究はこちらを参照：Carmody et al. 2015 Murine gut microbiota – diet trumps genes. *Cell Host and Microbe* 17: 72–84
7. 褐色脂肪と腸内細菌の役割については、こちらを参照：Mestdagh et al. 2012 Gut microbiota modulate the metabolism of brown adipose tissue in mice. *Journal of Proteome Research* 11: 620-630。もう少し読みやすい記事はこちら：www.medicalnewstoday.com/articles/241725.php
8. 心臓病と脳卒中の予防にかんするリンゴ摂取の利点は、こちらで検証されている：Briggs and Mizdrak 2013 A statin a day keeps the doctor away: comparative proverb assessment modelling study. *British Medical Journal* 18 December 2013。こちらの記事でも触れられている：*An apple a day keeps vascular mortality at bay, study suggests*、www.medicalnewstoday.com/articles/270298.php
9. 酪酸を生成する嫌気性細菌が炎症性腸疾患の新たなプロバイオティクス治療アプローチとなる可能性については、こちらの論文で論じられている：Butyric acid-producing anaerobic bacteria as a novel probiotic treatment approach for inflammatory bowel disease by Van Immerseel et al. 2010 in the *Journal of Medical Microbiology* 59: 141–143
10. さまざまなリンゴ品種のプレバイオティクス効果については、こちらを参照：Condezo-Hoyos et al. 2014 Assessing non-digestible compounds in apple cultivars and their potential as modulators of obese faecal microbiota in vitro. *Food Chemistry* 161:

518: S9では図版で説明されている。

11. この群集の変化については、上述の注9の参考文献で論じられている。
12. クローン病の改善と悪化における抗生物質の複雑な役割とその意味するところについては、Bernstein 2013 Antibiotic use and the risk of Crohn's disease. *Gastroenterology and Hepatology* 9: 393–395で論じられている。IBDにおける抗生物質の役割は全般的に大きな論争になっており、そうした論争はおもに、抗生物質が一部の症例ではきわめて効果があり、別の症例ではそうでもないという事実に起因している。
13. IBSにおける腸内マイクロバイオータの役割は、そのものずばりのタイトルのついたこちらのレビュー論文で考察されている：A role for the gut microbiota in IBS by Collins 2014 *Nature Reviews Gastroenterology & Hepatology* 11: 497–505.
14. IBSと痛覚の高まりについては、Tillisch and Mayer 2005 Pain perception in irritable bowel syndrome. *CNS Spectrums* 10: 877–882で検証されている。疲労感、従属的地位の受容、緊張など、IBSの興味深いさまざまな心理・感情面の合併症については、こちらを参照：Dragos et al. 2012 Psychoemotional features in irritable bowel syndrome. *Journal of Medicine and Life* 15: 398–409
15. Collins 2014（上述の注13参照）で論じられている。
16. 無菌動物は外の環境から隔離されて育てられ、体の内側にも外側にも細菌がまったくすみついていない。無菌マウスは六章でも登場した。
17. この驚きの結果は、一〇章で述べるような糞便移植を検討する際に考慮すべきもので、こちらの論文で発表された：Collins et al. 2013 The adoptive transfer of behavioral phenotype via the intestinal microbiota: experimental evidence and clinical implications. *Current Opinion in Microbiology* 16: 240–245

第八章　食事じゃないんです、先生、細菌のせいなんです

1. ファクトシートNo. 311には世界保健機関のサイトからアクセスできる：www.who.int/mediacentre/factsheets/fs311/en/〔版にはhttps://www.who.int/en/news-room/fact-sheets/detail/obesity-and-overweightからアクセスできる――訳注〕
2. この興味深い研究はこちらで読める；Goodrich et al. 2014 Human genetics shape the gut microbiome. *Cell* 789–799。メディアでも広く報じられた。コーネル大学のプレスリリース *Gut bacteria: how genes determine the fit of your jeans*はこちらで読める：mediarelations.cornell.edu/2014/11/06/gut-bacteria-how-genes-determine-the-fit-of-your-jeans/〔アクセス不可：2024年7月19日。次が同内容と思われる：https://www.newswise.com/articles/gut-bacteria-how-genes-determine-the-fit-of-your-jeans〕
3. 一卵性双生児が遺伝的に異なるという驚きの事実には、こちらの研究で光があてられている：Li et al 2014 Somatic point mutations occurring early in development: a monozygotic twin study. *Journal of Medical Genetics* 51: 28–34。この研究の一般向け解説をこちらで読める：www.livescience.com/24694-identical-twins-not-identical.

microbiota in health and disease. *Physiological Reviews* 90: 859–904

第七章　免疫の授業に戻ろう

1. トル様受容体の重要性とその他の詳細については、こちらで明らかにされている：Round et al. 2011 The toll-like receptor pathway establishes commensal gut colonization. *Science* 332: 974–977
2. 未来の医学における腸内細菌の重要性については、Grogan 2015 The microbes within. *Innovations in the microbiome Nature*: 518 S2と、同じ増刊号に掲載されているほかの論文で論じられている。
3. この研究はこちらで読める：Ivanov et al. 2008 Specific microbiota direct the differentiation of Th17 cells in the mucosa of the small intestine. *Cell Host & Microbe* 4: 337–349
4. 獲得免疫における腸内マイクロバイオータの役割にかんするすぐれた概要をお探しなら、こちらを一読してほしい：Lee and Mazmanian 2010 Has the microbiota played a critical role in the evolution of the adaptive immune system? *Science* 330: 1768–1773
5. 家、暖炉、燃えさしの比喩は、こちらの結びの言葉にある：Spasova and Surh 2014 Blowing on Embers: commensal microbiota and our immune system. *Frontiers in Immunology* 5: 318
6. IBDにかんするわかりやすい情報は、www.crohnsandcolitis.org.uk、www.nhs.uk/Conditions/Crohns-disease/Pages/Causes.aspx、www.mayoclinic.org/diseases-conditions/ulcerative-colitis/basics/causes/con-20043763を参照。
7. IBDの遺伝的特性と腸内微生物の重要性を調べた研究はこちら：Jostin et al. 2012 Host-microbe interactions have shaped the genetic architecture of inflammatory bowel disease. *Nature* 491: 119–124。この研究のわかりやすい解説をこちらで読める：www.sanger.ac.uk/about/press/2012/121031.html〔アクセス不可：2024年7月19日――訳注〕
8. IBD発症と家族の病歴との強い関連は、この分野の研究で一貫して示されている。この点を論じた、よく引用される読みやすい論文はこちら：Russell and Satsangi 2004 IBD: a family affair. *Best Practice and Research: Clinical Gastroenterology* 18: 525–539
9. Gevers et al. 2014 The treatment-naïve microbiome in new-onset Crohn's disease. *Cell Host and Microbe* 3: 383–392は、IBDにおける群集バランスの影響を検証したすぐれた研究である。この研究のそれほど専門的ではないまとめをこちらで読める：www.sciencedaily.com/releases/2014/03/140312132617.htm
10. 調停役を担う細菌の役割とクローン病患者におけるその減少については、こちらを参照：Velasquez-Manoff 2015 Gut Microbiome: The Peacekeepers. *Nature* 518: S3–S11。また、Your microbes at work: fiber fermenters keep us healthy in *Nature*

role of gut bacteria in nutrition」で読める：http://www.anl.gov/articles/exploring-role-gut-bacteria-digestion

7．この分野の研究は急速に増えており、最新の進展を把握するのも、知見を扱いやすい情報としてまとめた真に有益なレビューを見つけるのもきわめて難しい。腸内マイクロバイオータと栄養における役割にかんするすぐれたレビューはこちら：Sears 2005 A dynamic partnership: celebrating our gut flora. *Anaerobe* 11: 247–251。こちらも読む価値がある：Guarner and Malagelada 2003 Gut flora in health and disease. *The Lancet* 361: 512–519

8．「腸内細菌叢と内因性ビタミン合成（Intestinal flora and endogenous vitamin synthesis）」にかんする情報は、1997年に発表されたHillによる同タイトルの論文で読める：*European Journal of Cancer Prevention 6: supplement* 1 S43–45。K2と凝固にかんする情報はこちらを参照：Conly and Stein 1992 The production of menaquinones (vitamin K2) by intestinal bacteria and their role in maintaining coagulation homeostasis. *Progress in Food and Nutrition Science* 16: 307–43

9．上の注7でも挙げたレビューは、人間の栄養における細菌の多様な役割をもっと詳しく知りたい人におすすめだ：Sears 2005 A dynamic partnership: celebrating our gut flora. *Anaerobe* 11: 247–251

10. これについては、タイトルがすべてを物語るこちらの論文で掘り下げられている：Rieger et al. 1999 A diet high in fat and meat but low in dietary fibre increases the genotoxic potential of 'faecal water'. *Carcinogenesis* 20: 2311–2316

11. Guarner and Malagelada 2003 Gut flora in health and disease. *The Lancet* 361: 512–519は、この点でもとっつきやすくて役に立つ参考文献である。

12. P値とそれに関連する信頼区間の概念について、もう少しだけ知っておくと役に立つかもしれない。とっかかりになる手引きはこちら：www.students4bestevidence.net/a-beginners-guide-to-interpreting-odds-ratios-confidence-intervals-and-p-values-the-nuts-and-bolts-20-minute-tutorial/

13. 一卵性双生児でさえ腸内マイクロバイオータが異なるという事実は、こちらで検証されている：Turnbaugh et al. 2009 A core gut microbiome in obese and lean twins. *Nature* 457: 480–484

14. この点は多くの著者が指摘しているが、注13で挙げたTurnbaughらの論文はこれにはっきりと言及しており、「……中核的な腸内マイクロバイオームは、代謝機能と言える水準で存在しているようである。これは……個人を独自の微生物系統の集合がすむひとつの「島」と見なす生態学的視点を裏づけている。実際の島と同じく、さまざまな種の集団がひとつにまとまり、固有の構成員が全体として共通の中核的機能を提供している」と述べている。

15. いくつかの治療オプションについてはのちの章で触れるが、全体的な考え方はこちらで網羅されている：Foxx-Orenstein and Chey 2012 Manipulation of the gut microbiota as a novel treatment strategy for gastrointestinal disorders. *The American Journal of Gastroenterology Supplements* 1: 41–46 and by Sekirov et al. 2010 Gut

power of nanoscale explosives」と題された記事でわかりやすく論じられている。記事はこちらで読める：phys.org/news/2015-03-buckybomb-potential-power-nanoscale-explosives.html。記事のもとになった研究論文はこちら：Chaban et al. 2015 Buckybomb: Reactive Molecular Dynamics Simulation. *The Journal of Physical Chemistry Letters* 6: 913–917

20. 細菌を標的にしたバッキーボムの可能性については、*New Scientist* 223: Issue 2985, p16で発表された「Buckybombs could battle bacteria」で論じられている。

第六章　内なる世界

1. このすばらしい推定値は、こちらから引用している：Bianconi et al. 2013 An estimation of the number of cells in the human body. *Annals of Human Biology* 40: 463–471
2. 推定値は数多く世に出ているが、本章で引用した小さいほうの数字はこちらに出てくる：Qiin et al. 2013 A human gut microbial gene catalog established by metagenomic sequencing. *Nature* 464: 59–65。この研究者らによれば、わたしたちの体で「広く見られる細菌種は1000から1150種が存在する。ひとりの人には少なくとも160種がおり、大部分が共通してもいる」という。1000にのぼる「種レベルの」系統型（すなわち、種と呼べるほどの……多様性を備えた配列クラスター）という数値はこちらに出てくる：Lozupone et al. 2012 Diversity, stability and resilience of the human gut microbiota. *Nature* 489: 220–230。後者の論文は非常に読みやすく、オンラインで無料公開されているので、見つけ出す価値がある。こちらで試してみてほしい：http://www.ncbi.nlm.nih.gov/pmc/articles/PMC3577372/。多様性にかんするほかの数字はその中間に収まっている。たとえば、300～500という数字がGuarner and Malagelada 2003 Gut flora in health and disease. *The Lancet* 361: 512–519で出されている。こちらについては下の注7も参照。
3. ヘリコバクター・ピロリとその医学上の重要性については、こちらで説明されている：www.patient.co.uk/health/helicobacter-pylori-and-stomach-pain
4. バリー・マーシャルはとあるインタビューのなかで、みずからの研究とヘリコバクター・ピロリを飲んだ運命の瞬間について語っている（「ほら、行け、飲み干せ」）。インタビューはこちらで読める：www.achievement.org/autodoc/printmember/mar1int-1〔アクセス不可：2024年7月19日。https://www.psu.edu/news/research/story/gut-instincts-profile-nobel-laureate-barry-marshall/が同様の内容と思われる――訳注〕
5. ヘリコバクター・ピロリを除去すべきか維持すべきかにかんするレビュー、「除菌派」と「片利共生派」の論争の考察、ピロリ菌とその医学的重要性をめぐる興味深い数々の事実を読める論文はこちら：Sachs and Scott 2012 Helicobacter pylori: Eradication or Preservation. *F100 Medicine* 4: 7
6. 人間の栄養における細菌の役割の詳細は、Jo Napolitanoによる記事「Exploring the

https://apps.who.int/iris/handle/10665/112642にあるリンクから同報告書を閲覧可能――訳注〕。おそろしい読みものである。

7. この内容は、注6のWHO報告書Antimicrobial resistance: global report on surveillance 2014を参照している。
8. 黄色ブドウ球菌感染の医学的な意味あいにかんするすぐれた概説はこちら：Naber 2009 Staphylococcus aureus bacteremia: epidemiology, pathophysiology, and management strategies. *Clinical Infectious Diseases* 48 (Supplement 4) S213–S237.
9. 鼻腔内保菌者についてはこちらで検証されている：Kluytmans et al. 1997 Nasal carriage of Staphylococcus aureus: epidemiology, underlying mechanisms, and associated risks. *Clinical Microbiology Reviews* 10: 505–520
10. ペニシリンを分解するベータラクタマーゼにかんする情報を含め、抗生物質耐性の入門としては、*Todar's Online Textbook of Bacteriology*をおすすめする：http://textbookofbacteriology.net/resantimicrobial.html
11. 黄色ブドウ球菌におけるペニシリン耐性の広がりをグラフ化したすぐれた記事はこちら：Chambers 2001 The Changing Epidemiology of *Staphylococcus aureus? Emerging Infectious Diseases* 7: March–April, available at http://wwwnc.cdc.gov/eid/article/7/2/70-0178_article.
12. プラスミドと耐性にかんするさらに詳しい情報は、こちらを参照：Bennett 2008 Plasmid encoded antibiotic resistance: acquisition and transfer of antibiotic resistance genes in bacteria. *British Journal of Pharmacology* 153(Supplement 1): S347–S357
13. 細菌遺伝学にかんするさらに詳しい情報は、www.biologyreference.com/Ar-Bi/Bacterial-Genetics.htmlを参照。たいていの一般的な生物学の教科書にも載っている。
14. このレビューはこちら：Phillips et al. Does the use of antibiotics in food animals pose a risk to human health? A critical review of published data. *Journal of Antimicrobial Chemotherapy* 53: 28–52
15. この相対するふたつの主張は、「Does adding routine antibiotics to animal feed pose a serious risk to human health?」と題された*British Medical Journal* (2013, 347: f4214)の「Head to Head」の記事で論じられている。同記事ではDavid WallingaがDavid G S Burchと議論を戦わせている。Wallingaは食料生産を損なわずに禁止を実施できると述べているが、Burchは農業で用いられている薬剤は人間における耐性問題の原因ではないと主張している。
16. Marshall and Levy 2011 Food animals and antimicrobials: impacts on human health. *Clinical Microbiology Reviews* 24: 718–733.
17. アイチップの詳細は一章の注4を参照。
18. この研究は「Cave bacteria could help develop future antibiotics」と題された2012年の記事で概説・考察されている。記事はこちらで読める：www.bbc.co.uk/news/health-19520629
19. ナノスケールの爆発の潜在的威力については、「Buckybomb shows potential

19. 米FDAの見解にかんする最新状況報告については、www.fda.gov/forconsumers/consumerupdates/から「triclosan」で検索してほしい。
20. EUの禁止にかんする情報の追跡や、「禁止要請」と「禁止提案」と「禁止」の区別は簡単ではなく、本来ならそうであってはいけない。とはいえ、一部のEU関連の情報はec.europa.eu/health/scientific_committees/opinions_layman/triclosan/en/l-3/2-uses-cosmetics-disinfectant.htm#4p0、特定の製品タイプの規制についてはeur-lex.europa.eu/legal-content/EN/TXT/PDF/?uri=CELEX:32014D0227&from=ENで見られる。
21. トリクロサンと耐性のレビューは、Yazdankhah et al. 2006 Triclosan and antimicrobial resistance in bacteria: an overview. *Microbial Drug Resistance* 12: 83–90、もっと最近のものではBedoux et al. 2012 Occurrence and toxicity of antimicrobial triclosan and by-products in the environment. *Environmental Science and Pollution Research International* 19: 1044–1065を参照。後者では「TCS(5-クロロ-2,4-ジクロロフェノキシフェノール、つまりトリクロサン）はTCS耐性菌と一部の耐性株の出現リスクを高めると疑われる」と結論づけられている。

第五章　耐性はむだではない

1. イギリスにおける家禽のワクチン接種によるサルモネラ症の減少は、こちらで論じられている：O'Brien 2013 The 'decline and fall' of nontyphoidal Salmonella in the United Kingdom. *Clinical Infectious Diseases* 56: 705–710
2. 研究中のアプローチの一例がこちらで述べられている：Layton et al 2011 Evaluation of Salmonella-vectored Campylobacter peptide epitopes for reduction of Campylobacter jejuni in broiler chickens. *Clinical and Vaccine Immunology* 18: 449–454
3. このEUの禁止令と1997年以降に禁止された一連の抗生物質については、とある書物のAntibiotic resistance: linking human and animal healthと題された有益な章で論じられている。Henrik Wegenerによるこの章は、Chapter A15として、米The National Academies Pressの刊行した*Improving Food Safety Through a One Health Approach: Workshop Summary*のpp331–349に登場する。
4. このFDAのアプローチは、2012年の同局のプレスリリース*FDA takes steps to protect public health*で説明されている：www.fda.gov/NewsEvents/Newsroom/PressAnnouncements/ucm299802.htm〔アクセス不可：2024年7月19日——訳注〕
5. 抗生物質耐性にかんする英国政府の見解の詳細を読みたいなら、こちらを参照：www.gov.uk/government/news/prime-minister-warns-of-global-threat-of-antibiotic-resistance
6. 世界保健機関（WHO）の報告書は*Antimicrobial resistance: global report on surveillance 2014*と題したもので、www.who.int/drugresistance/documents/surveillancereport/en/で入手できる〔アクセス不可：2024年7月19日。ただし、

にならないし、とても適切だとも、とても長いとも言えない。Monk-Turner et al 2005 Another look at hand washing behavior. *Social Behavior and Personality: an international journal* 33: 629–634はほかのどれにも劣らずよくまとまっており、女性が男性よりも手を洗うこと、じゅうぶんに近い長さで手を洗う人はごくわずかであることを突き止めている。

7. 米疾病管理予防センターのサイトには、適切な手指衛生の裏づけとなる科学的証拠と研究そのものへのリンクを掲載するすばらしいページがある。こちらからアクセスできる：www.cdc.gov/handwashing/show-me-the-science-handwashing.html
8. これは注4と同じ研究で論じられている。
9. きれいな真水の水道を使えるほど幸運なわたしたちにとってはやや意外なこの研究は、こちらで報告されている：Luby et al. 2001 Microbiologic effectiveness of hand washing with soap in an urban squatter settlement, Karachi, Pakistan. *Epidemiology and Infection* 127: 237–244
10. 注7のCDCのサイトはこの点に触れている。こちらも参照：Michaels et al. 2002 Water temperature as a factor in handwashing efficacy. *Food Service Technology* 2: 139–149
11. ここでもまた、いつでも役立つCDCの「Show me the Science」サイトがすぐれた情報源となり、手指衛生のさまざまな面を検証した誠実な研究を紹介している：www.cdc.gov/handwashing/show-me-the-science-handwashing.html
12. こすり洗いの価値は、こちらで実証されている：Burton et al. 2011 The effect of handwashing with water or soap on bacterial contamination of hands. *International Journal of Environmental Research and Public Health* 8: 97–104
13. 手の乾かし方にかんするすぐれたレビューはこちら：Huang et al. 2012 The hygienic efficacy of different hand-drying methods: A review of the evidence. *Mayo Clinic Proceedings* 87: 791–798
14. この点もHuang et al. 2012(上述の注13）で扱われている。
15. この栄光の見出しは2009年のもので、こちらで見られる：news.bbc.co.uk/1/hi/england/dorset/8272799.stm
16. 頻繁に手を洗う人の皮膚の乾燥と炎症の軽減におけるアルコールジェルの効果は、こちらで検証されている：Boyce et al. 2000 Skin irritation and dryness associated with two hand-hygiene regimens: soap-and-water hand washing versus hand antisepsis with an alcoholic hand gel. *Infection Control and Hospital Epidemiology* 21: 442–448
17. 消毒剤とハンドジェルにかんする貴重な科学研究は、こちらのサイトのリンクをたどっていけば見られる：www.cdc.gov/handwashing/show-me-the-science-hand-sanitizer.html
18. 手指用消毒剤と欠席減少の関連はこちらで調査されている：Dyer et al. 2000 Alcohol-free instant hand sanitizer reduces elementary school illness absenteeism. *Family Medicine* 32: 633–638

たいへん読みやすい論文で検証されている：Galanis 2007 Campylobacter and gastroenteritis. *Canadian Medical Association Journal* 177: 570–571

20. ムクドリの糞におけるカンピロバクターの存在について述べた論文はこちら：Colles et al. 2009 Dynamics of Campylobacter colonization of a natural host, Sturnus vulgaris (European Starling). *Environmental Microbiology* 11: 258–267
21. この報告書の概要といくつかの良識的なアドバイスは、こちらで公開されている：www.food.gov.uk/news-updates/news/2014/9279/campylobacter-survey〔アクセス不可：2024年7月19日――訳注〕
22. もちろん、これは理にかなっている……：http://www.cdc.gov/healthywater/swimming/rwi/rwi-prevent.html
23. 米国疾病管理予防センターの野菜にかんする助言はhttp://www.cdc.gov/nutrition/everyone/fruitsvegetables/foodsafety.html〔アクセス不可：2024年7月19日――訳注〕、英国民保健サービスの助言はhttp://www.nhs.uk/Livewell/homehygiene/Pages/How-to-wash-fruit-and-vegetables.aspxで見られる〔アクセス不可：2024年7月19日――訳注〕。従う価値はある……。

第四章　握手を（とくに男性と）するときにはよく考えたほうがいい理由

1. 年間110万人（低く見積もって50万人、高く見積もって140万人）の命という数値は、下痢による死亡例と手洗いとの関連にかんする研究を調べたこちらの系統的レビューで算出されている：Curtis and Cairncross 2003 Effect of washing hands with soap on diarrhoea risk in the community: a systematic review. *The Lancet Infectious Diseases* 3: 275–281
2. 紫外線をあてると光る手洗いチェッカーはオンラインで広く、かつ安価に売られている。UV LEDトーチも同様だ。子どもたちの教育にはうってつけだし、UVトーチは科学捜査班ごっこにも使える。
3. どうすべきかにかんするアドバイスを提供している手指衛生関連サイトは山ほどあり、一部のケースでは（下で挙げている疾病管理予防センターのサイトを参照）、推奨手順を裏づける科学研究も紹介している。だが、従いやすいアドバイスという点では、www.wash-hands.com/hand_hygiene_and_you/how_to_wash_your_hands〔アクセス不可：2024年7月19日――訳注〕が簡単明快で効果的である。
4. この研究はこちらで実施された：Johnson et al. 2003 Sex differences in public restroom handwashing behaviour associated with visual behaviour prompts. *Perceptual and Motor Skills* 97: 805–810
5. このデータやその他のデータはこちらで見られる：Borchgrevink et al. 2013 Hand washing practices in a college town environment. *Journal of Environmental Health* 75: 18–24
6. 手指衛生の研究は数多くあり、大衆紙で報じられることも多い。数字はそれぞれ異なるが、全体的なメッセージは変わらない。わたしたちの手洗いはあまりあて

*Infection by Salmonella*で見られる：www.hhmi.org/biointeractive/intracellular-infection-salmonella
9. この数字は米食品医薬品局がwww.fda.gov/Food/ResourcesForYou/Consumers/ucm077342.htmで報告している。このサイトには、サルモネラ菌とそれを避ける方法にかんする情報も豊富に掲載されている。
10. このアウトブレイクは英国の多くのメディアで報道された。たとえば、ガーディアン紙のこちらの記事(と記事内のリンク）を参照：www.theguardian.com/society/2014/aug/15/salmonella-outbreak-england-investigation
11. 英国メディアで広く報道された。たとえば、デイリー・テレグラフ紙のDavid Millwardによる記事を参照：www.telegraph.co.uk/news/uknews/1366276/Currie-was-right-on-salmonella.html
12. ウェールズ公衆衛生局が興味深いファクトと数字を提供しているほか、英国の卵生産用ニワトリ群におけるワクチン接種義務づけの重要性を追認している。こちらを参照：www.wales.nhs.uk/sites3/page.cfm?orgid=457&pid=48023〔アクセス不可：2024年7月19日――訳注〕
13. ストリート・スパイス・フェスティバルのアウトブレイクの詳細はwww.newcastle.gov.uk/news-story/street-spice-festival-outbreak-investigation-concludesにまとめられている〔アクセス不可：2024年7月19日。https://www.gov.uk/government/news/street-spice-festival-outbreak-investigation-concludesが同じ内容と思われる――訳注〕。イングランド公衆衛生局の報告書をこちらで読める：www.newcastle.gov.uk/sites/drupalncc.newcastle.gov.uk/files/wwwfileroot/environment/environmental_health/20130617_street_spice_oct_report_-_final.pdf〔アクセス不可：2024年7月19日――訳注〕
14. いつでも有能な米国疾病管理予防センターは、爬虫類に関連するサルモネラ症の発生とその法的状況をwww.cdc.gov/features/salmonellafrogturtle/〔アクセス不可：2024年7月19日――訳注〕とページ内のリンクにまとめている。連邦規則州を読みたくてたまらないなら、こちらからどうぞ：www.accessdata.fda.gov/scripts/cdrh/cfdocs/cfcfr/CFRSearch.cfm?fr=1240.62
15. リストの完全版はこちらにある；www.cdc.gov/ecoli/outbreaks.html
16. 2000年から2012年にかけてイングランドとウェールズで記録された症例の完全なリストはこちらで見られる：https://www.gov.uk/government/publications/campylobacter-cases-2000-to-2012
17. この疾患の症状と治療の概要については、こちらを参照：http://www.nhs.uk/conditions/Guillain-Barre-syndrome/Pages/Introduction.aspx
18. このセクションで触れたカンピロバクターとギラン・バレー症候群の関連を調べたレビューは、こちらを参照：Poropatich et al. 2010 Quantifying the association between Campylobacter infection and Guillain-Barré Syndrome: A systematic review. *Journal of Health,* Population and Nutrition 28: 454–552
19. カンピロバクターと胃腸炎については、発生事例と一般情報も含め、こちらの

第三章　熱に耐えられないのなら……

1．このばかばかしいほど正確な数字は、それに劣らず正確なほかの数値とともに広く報じられており、その出どころをたどっていくと衛生評議会(Hygiene Council)に行きつく。この「評議会」に出資しているレキットベンキーザー(Reckitt Benckiser)は、〈ライゾール(Lysol)〉というブランドの洗浄剤や殺菌剤を製造している会社だ。www.hygienecouncil.org/では、この評議会のインタラクティブサイトをつうじてあなたの自宅を探索できる〔2024年7月19日時点で当該機能を確認できず――訳注〕。ただし、忘れずに……この評議会に出資している会社は、細菌を殺す製品をあなたに売りたいと思っている。まあ、ちょっと言ってみただけだが……。

2．細菌パラノイアをさらに煽っているのは、英国のデイリー・メール紙に2012年に掲載されたこちらの記事である：The kitchen sponge is 200,000 times dirtier than a toilet seat – and could even lead to PARALYSIS(この大文字表記は見出しそのままだ――メッセージを確実に伝えたいという意図があるのだろう) https://www.dailymail.co.uk/health/article-2235650/The-kitchen-sponge-200-000-times-dirtier-toilet-seat--lead-PARALYSIS.html#ixzz3SZ7yIBMw

3. 家庭におけるリステリアの実情については、こちらを参照；Beumer et al. 1996 Listeria species in domestic environments. *Epidemiology and Infection* 117: 437–442

4. 米国におけるリステリア症にかんするファクトと数字は、こちらのサイトと同サイトのリンクから簡単に手に入る：https://www.cdc.gov/listeria/statistics.html

5. さまざまな人の糞便におけるリステリア・モノサイトゲネスの保菌率(すなわち、リステリア症を引き起こす細菌がうんこに含まれる割合)は、こちらで詳細に報告されている：Slutsker and Schuchat 1999 Listeriosis in humans. In *Listeria, Listeriosis and Food Safety* edited by Ryser and Marth (Chapter 4, 75–95). New York, Basel: Marcel Dekker, Inc.

6. リステリア菌がリステリア症を引き起こす仕組みの詳細は、Kenneth Todarによる*Todar's Online Textbook of Bacteriology*(http://textbookofbacteriology.net/Listeria.html) とリンク先のページで読める。

7. ジェンセン農場のアウトブレイクについては、2011年10月7日に公開された疾病管理予防センターの死亡疾病週報(MMWR)「Multistate Outbreak of Listeriosis Associated with Jensen Farms Cantaloupe, United States, August–September 2011. MMWR 60: 1357–1358」で報告されている。実刑の回避は米国メディアで広く報じられた。たとえば、Mary Beth MarkleinによるUSAトゥデイ紙の2014年1月28日付の記事「Cantaloupe farmers get no prison time in disease outbreak」(www.usatoday.com/story/news/nation/2014/01/28/sentencing-of-colorado-cantaloupe-farmers/4958671/) を参照。

8. サルモネラ菌がわたしたちに感染する仕組みと、そのプロセスのなかなかすてきなアニメーションは、ハワード・ヒューズ医学研究所が公開した*Intracellular*

o104h4-infection〔アクセス不可：2024年7月19日——訳注〕
12. ファージの果たす役割については、抗生物質にかんする興味深い観点とともに、こちらで論じられている：*Phage on the Rampage* www.nature.com/news/2011/110609/full/news.2011.360.html
13. 自分が使っている歯ブラシの毛の状態についてこわい思いをしたい人は、こちらをチェックするといい：Ferreira et al. 2012 Microbiological evaluation of bristles of frequently used toothbrushes. *Dental Press Journal of Orthodontics* 17: 72–76。ただし、「存在する」がかならずしも「実際の問題」を意味するわけではないことは忘れないでほしい。
14. サルモネラ菌の持続性を調べた研究はこちら：Barker and Bloomfield 2000 Survival of Salmonella in bathrooms and toilets in domestic homes following salmonellosis. *Journal of Applied Microbiology* 89: 137–144
15. 家庭用漂白剤が細菌を殺す仕組みについては、*Science Daily*がミシガン大学のデータにもとづいて公開したそのものずばりのタイトルの記事「How household bleach kills bacteria」で説明されている：https://www.sciencedaily.com/releases/2008/11/081113140314.htm
16. HSP33をめぐる物語と漂白剤の作用にかんするさらなる情報は、Heidi Ledfordによるたいへん読みやすい論文「How does bleach bleach?」で詳らかにされている：http://www.nature.com/news/2008/081113/full/news.2008.1228.html
17. 洗浄および病院の洗浄慣行の効果（もしくは効果のなさ）の検証におけるATPの使用については、こちらで論じられている：Boyce et al. Monitoring the effectiveness of hospital cleaning practices by use of an adenosine triphosphate bioluminescence assay. *Infection Control and Hospital Epidemiology* 30: 678–684
18. マイコバクテリウム属の細菌、とりわけ結核菌に対する酢酸の効果はこちらで示されている：Cortesia et al. 2014 Acetic acid, the active component of vinegar, is an effective tuberculocidal disinfectant. *mBio* 5: e00013–14
19. 英国の赤痢菌感染症例の統計はこちらで見られる：https://www.gov.uk/government/collections/shigella-guidance-data-and-analysis
20. サルモネラ菌はこちら：https://www.gov.uk/government/uploads/system/uploads/attachment_data/file/337647/Salmonella_surveillance_tables.pdf
21. イリノイ州毒物センターのサイトには「My Child Ate…（うちの子が……を食べてしまった）」と題したすばらしいセクションがあり、若き人類のすさまじい雑食ぶりを示すリストを掲載している。同セクションはhttp://illinoispoisoncenter.org/my-child-ate、うんこにかんするセクションはhttp://illinoispoisoncenter.org/my-child-ate-poopにある。「子どもが食べる一般的な糞便は、人間（自分）、ネコ、イヌ、鳥などのものです」との有益な知見も含まれている。

める：www.dcceew.gov.au/environment/invasive-species/feral-animals-australia/cane-toads

2. UTIのそのほかのリスク要因としては、最初にUTIに感染した年齢と母親のUTI病歴がある。詳細はこちら：Scholes et al. (2000) Risk factors for recurrent urinary tract infection in young women. *The Journal of Infectious Diseases* 182: 1177–1182
3. UTIの主要な原因として大腸菌を論じた文献はこちら：Zhang and Foxman 2003 Molecular epidemiology of Escherichia coli mediated urinary tract infections. *Frontiers in Bioscience* 1;8:e235–44, available at https://www.bioscience.org/2003/v8/e/1007/fulltext.htm〔アクセス不可：2024年7月19日——訳注〕
4. トイレを流すことで汚染が生じる可能性については、Barker and Jones 2005 'The potential spread of infection caused by aerosol contamination of surfaces after flushing a domestic toilet.' *Journal of Applied Microbiology* 99: 339–347で掘り下げられている。トイレのふたと、流すときにそれを閉じておくことの価値は、次の論文で示されている：Best et al 2012 Potential for aerosolization of Clostridium difficile after flushing toilets: the role of toilet lids in reducing environmental contamination risk. *Journal of Hospital Infection* 80: 1–5
5. わたしの経験から言うとめったに守られることのないこの賢明なアドバイスは、こちらで読める：http://www.nhs.uk/Livewell/homehygiene/Pages/food-and-home-hygiene-facts.aspx〔アクセス不可：2024年7月19日〕
6. コンタクトレンズに対するうんこの潜在的な危険については、次の文献で論じられている：Hall and Jones 2010 Contact Lens cases: the missing link in contact-lens safety. *Eye and Contact Lens* 36: 101–105
7. 「このグループにおいては、明確な種の境界ではなく、ひとつの連続体」（これ以上シンプルな「種の概念」はないだろう！）が存在する可能性が高いとする結論を含め、大腸菌の分類という奇妙な世界を詳しく知りたいのなら、こちらを参照：Lukjancenko et al 2010 Comparison of 61 sequenced Escherichia coli genomes.' *Microbial Ecology* 60: 708–720
8. O157:H7の伝染における牛肉の役割はこちらで論じられている：Armstrong et al. 1996 Emerging foodborne pathogens: Escherichia coli O157:H7 as a model of entry of a new pathogen into the food supply of the developed world. *Epidemiologic Reviews* 18: 29–51
9. 米国における20年間のO157:H7発生状況に関心がある人は、こちらに目をとおすといい：Rangel et al. 2005 Epidemiology of Escherichia coli O157:H7 outbreaks, United States, 1982–2002 *Emerging Infectious Diseases* 11: 603–609
10. 志賀毒素とその作用機序にかんするそこそこ読みやすい手引きとしては、こちらをおすすめする：Sandvig 2001 Shiga toxins *Toxicon* 39: 1629–1635
11. 世界保健機関（WHO）の欧州事務所がこのアウトブレイクを追跡し、いくつかの事例では感染源までたどっているほか、勧告も出している：www.euro.who.int/en/health-topics/emergencies/international-health-regulations/outbreaks-of-e.-coli-

Microbiology 43: 843–849
6. 「病気と健康における口腔細菌群集」については、Howard JenkinsonとRichard Lamontがまさにそのタイトルの論文において興味深くまとめている：Oral microbial communities in sickness and in health. *Trends in Microbiology* 2005 13: 589–595
7. 炎症性腸疾患を専門に扱うサイトや組織は数多くある。次のサイトでは、症状が医学的によくまとめられている：http://www.nhs.uk/conditions/Inflammatory-bowel-disease/Pages/Introduction.aspx。ネット上の情報にもとづく思いこみや自己診断には気をつけてほしい。具合が悪いと思ったら、インターネットブラウザーではなく、医師の診断を受けるべきである。
8. 全世界のHIVおよびAIDSの最新疫学データはwww.avert.orgとリンク先のページで見られる。考えさせられる記事である。
9. ベン・ゴールドエイカー（Ben Goldacre）の名著『デタラメ健康科学——代替療法・製薬産業・メディアのウソ』（梶山あゆみ訳、河出書房新社、2011年）には、医学などの生命科学分野における統計の表現、使用、悪用について知りたいことのすべてが書かれている。ゴールドエイカーのウェブサイト（http://www.badscience.net/）はいつ見ても楽しい。
10. ADHDの診断、治療、有病割合の推移をまとめた便利な年表はこちら：www.cdc.gov/ncbddd/adhd/documents/timeline.pdf。米国疾病管理予防センターが公開したもの。
11. 炎症性腸疾患の増加の現実、増加に関連するできごとや要因の概要がこちらで検証されている：Loftus Jr 2004 Clinical epidemiology of inflammatory bowel disease: Incidence, prevalence, and environmental influences. *Gastroenterology* 126: 1504–1517。全世界の概要についてはこちら：Economou and Pappas 2008 New global map of Crohn's disease: Genetic, environmental, and socioeconomic correlations. *Inflammatory Bowel Disease* 14: 709–720
12. この医療科学の新境地をめぐる楽しい概要として、NatureのInnovations in the Microbiome特集号に寄せたDavid Groganの序文（http://www.nature.com/nature/journal/v518/n7540_supp/full/518S2a.html）をおすすめする。「The Microbes Within」と題された短い記事のなかで、Groganは「われわれの生活におけるヒトマイクロバイオームの役割をめぐる新事実が、医学と栄養学の基礎を揺るがしはじめている」と述べている。まさにそのとおり。それをこのあとの章で見ていこう……。

第二章　「既知の菌の九九％を除去します」

1. オーストラリアにおけるオオヒキガエルの増加と抑制の試みの概要については、オーストラリア環境省サイトの生物多様性と外来種のセクションが非常によくまとまっており、一読の価値がある。オオヒキガエルのセクションは現在こちらで読

注と参考文献

本文中の注と参考文献を以下で説明している。可能な場合には、オンラインで無料で読めるソースを選んだ。Scholar.Google.comは科学論文を探すのにたいへん役立つ無料サイトで、著者名やタイトルで検索すると、本来なら大学や病院の図書館以外では入手できない論文のPDFが見つかることも多い。

第一章 気持ちよくうんこしていますか？

1．この研究は2001年に公開された。もっと真面目くさった記事が、BBCのニュースサイトに「Millions read on the toilet（トイレで読書する人はおおぜいいる）」というタイトルで掲載されている。2001年3月20日公開、http://news.bbc.co.uk/1/hi/health/1230115.stmにて閲覧可能。

2．地球上の細菌数は、1998年に*Proceedings of the National Academy of Sciences of the United States of America*（たいていはPNASと略される）で発表された論文においてWilliam Whitmanらが推定したもの。この論文は興味深い読みものであり、把握できるとは思えない数を科学的に信用できるかたちで推定する方法を示す好例でもある。全文はこちら：Whitman et al. 1998 'Prokaryotes: the unseen majority'. *PNAS* 95: 6578–6583

3．口腔細菌の多様性を推定する研究は無数にあり、細菌の種の定義（二章参照）にまつわる問題も、その推定を複雑なものにしている。ある意味では、実際の数よりも重要なのは概要、つまり「口のなかにいる細菌は驚くほど多様だ！」という点である。とはいえ、700〜750種という数字は文献で広く採用され、ヒト口腔マイクロバイオームデータベース（http://www.homd.org/）で論じられている。次の論文では、それよりも多い数が述べられている：Keijser et al. 2008 Pyrosequencing analysis of the oral microflora of healthy adults. *Journal of Dental Research* 87:1016–1020およびZaura et al. 2009 Defining the healthy 'core microbiome' of oral microbial communities. *BMC Microbiology* 9: 259

4．培養できない細菌の増殖という難問については、Stewart 2012 'Growing unculturable bacteria'. *Journal of Bacteriology* 194: 4151—4160で論じられている。土壌細菌の培養における最近の進歩のひとつがiChip（アイチップ）である。この手法では、半透膜で囲まれた小さな四角い「プレート」の細かい穴のなかで細菌を培養する。この技術から生まれた論文は、2015年はじめにかなりの注目を集めた：Ling et al. 2015 'A new antibiotic kills pathogens without detectable resistance.' *Nature* 517: 455-459。iChipの仕組みはwww.bbc.com/news/health-30657486で見られる。

5．虫歯に関連する細菌の多様性は、次の文献で論考されている：Chhour [sic] et al. 2005 'Molecular analysis of microbial diversity in advanced caries.' *Journal of Clinical*

無症候性定着

ある細菌種（もしくはほかの微生物）が、その種に感染した場合の典型的な病気の症状を示さずに定着すること。無症状病原体保有とも。

有病割合

ある集団のなかで、任意の一時点においてある疾患にかかっている人の割合。その疾患がどれくらい広まっているかがわかる。

リステリア

リステリア・モノサイトゲネスは汚染された食品をつうじて食中毒などの疾患を引き起こす細菌。これによる感染症をリステリア症という。

リンパ球

免疫の発達において重要となる小さな白血球。リンパ球のうちの二種類がB細胞とT細胞。好中球も参照。

フローラ

一般には特定の地域、生息環境、地質学的時代に見られる植物を指すが、同じような意味で微生物を表すときに使われることもある。

プロバイオティクス

腸内で有益な細菌を復活させることを意図した、細菌を含む調合物。プレバイオティクスも参照。

糞口経路

排泄物から口への移動経路。一般には排泄物で汚染された表面から、わたしたちの手を介して移動する。

片利共生

一方の生物が利益を得るが、他方には影響をおよぼさないふたつの生物の関係。相利共生も参照。

マイクロバイオータ

特定の場所に存在する微生物の集合。ヒトの腸内マイクロバイオータなど。マイクロバイオームも参照。

マイクロバイオーム

ある環境に存在する微生物、とりわけその遺伝物質の集合。一般には、「腸内マイクロバイオーム」のように、人体もしくは人体の一部に存在する微生物（とくに細菌）を指す。マイクロバイオータも参照。

マイクロフローラ

あまり使われないが、マイクロバイオータのかわりに用いられる語で、正式には細菌のほかに微細藻類も含まれる。

マイコバクテリウム

マイコバクテリウム属の細菌。結核とハンセン病を引き起こす細菌も含まれる。

ミトコンドリア

真核細胞内にさまざまな数で存在する細菌サイズの構造（細胞小器官）。呼吸の生化学プロセスがこのなかで起き、ゆえに細胞の「エネルギー生産工場」と称されることもある。大きさと形状が細菌と共通することに加えて、一部の細菌ゲノムと似たDNAも備わっている。細胞内共生説（ミトコンドリアの起源にかんして現時点でもっとも支持されている説）では、ミトコンドリアは大昔の細胞に食べものとして取りこまれたものの、最終的に相利共生関係をもつようになった細菌の名残とされる。

く。

内環境

「体内の環境」、一般には腸内の環境を指す際にときどき使われる用語。

内生胞子

一部の細菌種の細胞内でつくられる、必要最小限の要素からなる非常にじょうぶな構造。きわめて長い期間（場合によっては数世紀）にわたり、休眠状態で生き延びられる。

バクテリオファージ

細菌に感染し、細菌細胞内で自己複製するウイルス。自然界における細菌間の遺伝物質の伝播にかんして重要な役割を果たし、その特性ゆえに、遺伝研究でも非常に役立つ存在になっている。

バクテロイデス

腸内細菌群集のかなりの割合を占める細菌の属（属とは、近い関係にあるグループのこと）。

発生数

特定の期間内になんらかの疾患と診断される確率を示す指標。発生数がわかれば、その疾患にかかるリスクがわかる。有病割合も参照。

病原性

病気を引き起こす能力のこと。病気を引き起こす、もしくは引き起こしうる微生物を病原性微生物という。

ファージ

バクテリオファージの略語としてよく使われる。

プラスミド

細菌で見られる環状DNAで、細菌の染色体にあるDNAとは別のもの。細菌と細菌のあいだで伝播でき、抗生物質耐性にかんする遺伝子はここに存在していることが多い。

プレバイオティクス

有益な微生物の生存と増殖を促進する物質。たいていは腸内細菌に関連して用いられる。プロバイオティクスも参照。

れることもある。MRSAは、この属の一種である黄色ブドウ球菌の株のひとつ。

ストレプトコッカス・ミュータンス
人間の口内でよく見られ、虫歯のおもな原因になる細菌種。

セレノモナス
動物、とりわけウシやヒツジなどの反芻動物の腸によくいる細菌のグループ。

線毛
多くの細胞の表面に見られる毛のような構造（ピルス、複数形はピリ）。表面にくっつくとき（IV型線毛）や、接合における細胞間のDNA伝播（性線毛）に使われる。

相関関係／因果関係
ふたつ以上の事柄がともに変化している場合、それらの事柄は「相関関係」にあると言える。たとえば、身長と体重は相関関係にある。背が高い人は背の低い人よりも体重が重い傾向にあるからだ。これは正の相関だが、背の高い人が背の低い人よりも体重が軽い傾向にある場合は負の相関となる。相関関係のある事柄でも、そこに因果関係がある、つまり一方が他方を引き起こしているとはかぎらない。そこから、「相関関係は因果関係を含意しない」という統計学の格言が生まれた。たとえば、米国メイン州ではマーガリンの摂取量と離婚率とのあいだにきわめて信憑性の高い相関関係があるが（www.bbc.co.uk/news/magazine-27537142などで広く報じられている）、そのふたつのあいだに道理にかなった因果関係はない。

相利共生
異なる種の生物のあいだで見られる、どちらの側も利益を得られる生態学的関係。片利共生も参照。

大腸菌
哺乳類と鳥類の大腸によくいる細菌エシェリヒア・コリ。ほとんどの株は無害だが、重度の食中毒や尿路感染症（UTI）などの感染症を引き起こす株もある。

テイクソバクチン
一部の細菌に対して抗生物質として機能する、最近になって発見された小さな分子。土のなかで細菌を培養する新手法を用いて発見された。

トリクロサン
石鹸、玩具、マウスウォッシュ、キッチン用品などに広く見られる抗細菌・抗真菌剤。細菌の耐性獲得をめぐる懸念などを理由に、多くの地域で使用が規制されている。たいていの用途では、石鹸と水よりも著しい効果があるのか否かについても疑問符がつ

細胞質
細胞の核以外の内部の大部分を占める物質。

サルモネラ
大腸菌と同じ科に含まれる細菌の属で、変温動物と恒温動物で見られる。一部の株は食中毒と腸チフスを引き起こす。

志賀毒素
赤痢を引き起こすシゲラ・ディセンテリアエ（赤痢菌）がつくる毒素。それに似た志賀様毒素と呼ばれる毒素は、大腸菌の一部の株が産生する。

種
生存・生殖能力のある子をつくれる、よく似た個体で構成される生物のグループ。

上皮細胞
動物に見られる基本的な四つの組織のひとつである上皮組織（ほかの三つは筋肉組織、神経組織、結合組織）を構成する細胞。上皮組織は体の構造や腔を覆う膜を形成している。

食細胞
血流や組織中の廃棄物、外来の異物、侵入してきた細菌を取りこみ、吸収できる種類の細胞。

食糞
糞便を食べること。英語のcoprophagyは「糞便を食べる」を意味するギリシャ語に由来する。この活動に従事する者を食糞ものという。

真核生物
核のある細胞でできた生物。そのほか、よく発達した細胞内膜システムと各種構造も備え、これらを総称して細胞小器官という。大きくて複雑な細胞であり、このタイプの細胞は植物、動物、真菌で見られる。原核生物も参照。

人獣共通感染症
動物から人間に伝染する疾患。

ストレプトコッカス
細菌の属のひとつで、とくに皮膚で膿を生じさせる多くの病原性株が含まれる。たいていは感染してもまったく問題が起きないか、ごく軽い皮膚感染症にとどまるが、それよりも深いところへ入りこみ、血流、関節、骨、肺、心臓に達すると、命が脅かさ細胞から別の細胞へ移動すること。

ゲノム
ある生物がもつ、すべての遺伝子を含むDNA一式。

原核生物
核、ミトコンドリアなどの膜で囲まれた構造（細胞小器官）をもたない単細胞生物。細菌は原核生物である。真核生物も参照。

交差感染／交差汚染
有害な微生物が人と人のあいだで意図せずして伝染すること、とりわけ医療の場で起こるケースを、交差感染という。交差汚染とは、有害な微生物が、ある物質、物体、表面から別のところへ意図せずして移動することを指す。

抗生物質
細菌や真菌が産生する、細菌などの微生物を殺したり増殖を抑えたりする効果のある多数の物質の総称。医療の場で感染症の治療に用いられ、ペニシリンやストレプトマイシンなど、よく知られる薬が含まれる。

酵素
遺伝子によりコードされ、細胞によりつくられるタンパク質。特定の化学反応において触媒として機能する。触媒はおもに反応を加速させる。酵素が細胞内の生化学的プロセスを制御していなければ、わたしたちの知る生命は存在できなかっただろう（酵素はバイオ粉末洗剤にも含まれ、生物由来のしみの分解を助けている）。

好中球
きわめて多く存在する白血球の一種で、感染部位に駆けつけるファーストレスポンダーの一員として、侵入してきた微生物を攻撃する。

細菌
核のない単細胞生物。ものすごく小さく、ものすごくたくさんいる。英語では、単数形はバクテリウム、複数形はバクテリアとなる。原核生物も参照。

細菌の分類体系
細菌の分類体系について上位から下位へ見ていくと、まず、真正細菌（Bacteria）と古細菌（Archaea）の二つの界（kingdom）に大別され、さらに門（phylum）、綱（class）、目（order）、科（family）、属（genus）、種（species）、そして亜種（subspecies）と分類され、上位のグループほど多くの種を含み、下位のグループに含まれる種どうしほどより近縁である。

アーチファクト
「自然ではない」何かが調査対象のシステムに対してはたらいた結果として生じる観察所見や測定値。たとえば、患者の血圧上昇は、なんらかの病状の結果ではなく、血圧を測定される際に生じた緊張というアーチファクトである可能性がある。

アミノ酸
タンパク質の構成要素。基本構造を構成する炭素、水素、酸素、そして重要な窒素の各原子は、すべてのアミノ酸に共通する形状で配置されている。人体にはおよそ20種類のアミノ酸があり、いわゆる「側鎖」にそれぞれ異なる原子をもつ。アミノ酸をさまざまな組みあわせで鎖のようにつなぎあわせると、あぜんとするほど多種多様なタンパク質になる。

遺伝子型
生物の遺伝子の構成。

遺伝子発現
遺伝子の遺伝暗号に含まれる情報を細胞が使用し、「遺伝子産物」(たいていはタンパク質)をつくるプロセス。

院内感染
病院などの医療現場で生じた感染。

カンピロバクター
食中毒の原因となることが多い細菌のグループ。生の鶏肉を食べるときには、この細菌が大きな懸念材料になる。

クロストリジウム
ボツリヌストキシンを産生するクロストリジウム・ボツリナムを含む細菌のグループ。ボツリヌストキシンはボトックス注射に使われるが、命を落とすおそれもあるボツリヌス中毒を引き起こすこともある。クロストリディオイデス(旧クロストリジウム)・ディフィシルは、抗生物質によってほかの細菌が殺されると腸内で増殖する。C・ディフィシル感染症は医療施設における大きな問題になっている。

群集(コミュニティ)
生態学では、同じ場所に生息し、たがいに作用しあう(もしくは作用しあう可能性がある)一群の種を指す。

形質導入
バクテリオファージを介して、ウイルスのDNA、細菌のDNA、もしくはその両方が

用語集

B細胞

Bリンパ球とも。白血球の一種で、一部のB細胞は感染と闘う抗体をつくる。T細胞も参照。

CDC

米国疾病管理予防センターの略称。このセンターのおもな目的は、疾病、負傷、障害の管理と予防をつうじて公衆衛生と安全を守ることにある。

FDA

米国食品医薬品局の略称。食品、医薬品、化粧品にかんする法規則を執行する連邦政府機関。

MRSA

メチシリン耐性黄色ブドウ球菌。場合によっては命にかかわる感染症を引き起こすにもかかわらず、広く使われている多数の抗生物質に耐性をもつ細菌株。いわゆる「スーパーバグ（超多剤耐性菌」の一例で、医療施設にいる人がよく感染する。

NHS

英国国民保健サービスの略称。公的資金で運営される全国民向けの医療制度。

tra

「導入（transfer）遺伝子」の略。tra遺伝子は細菌間での遺伝物質の導入に必要である。

Tレグ細胞

制御性T細胞の略。ほかのT細胞のはたらきを抑制して免疫系を調節し、それにより過剰な反応を防いでいる。

T細胞

Tリンパ球とも。体の免疫系を特定の脅威に適応させる獲得免疫において重要な役割を担う白血球の一種。侵入してくる微生物を見つけ出して破壊するT細胞は、ときに兵士になぞらえられる。B細胞も参照。

WHO

世界保健機関の略称。公衆衛生分野を担う国連の専門機関で、疾患の流行の監視、医療制度のパフォーマンス評価、全世界の健康の促進に携わる。

ら

わ

は

ま

や

た

な

さ

索引

◎著　**アダム・ハート**（Adam Hart）

生態学者、保全科学者、昆虫学者。英国グロスターシャー大学科学コミュニケーション学教授。研究と教育のかたわら、ラジオやテレビのキャスターとしても活躍。ラジオではBBCラジオ4やBBCワールドサービスにて『サイエンス・イン・アクション』などのキャスターを、テレビではBBC4『プラネット・アント』やBBC2『ハイブ・アライブ』などの共同キャスターをつとめる。150本以上の科学論文を発表するほか、『目的に合わない進化』（上下、柴田譲治訳、原書房）などの科学読み物も刊行。2023年に刊行した『トロフィー・ハンティング』（共著）は英国生態学会のマーシュ・エコロジー・ブック・オブ・ザ・イヤー賞を受賞した。

◎監修・解説　**増田隆一**（ますだ・りゅういち）

1960年、岐阜県生まれ。北海道大学大学院理学研究科博士課程修了。アメリカ国立がん研究所研究員、北海道大学大学院理学研究院教授などを経て、現在、北海道大学大学院理学研究院特任教授、北海道大学名誉教授、理学博士。専門は動物地理学、分子系統進化学。研究では、野外で採取した動物の排泄物を用いた遺伝子分析を取り入れてきた。著書に『うんち学入門』（講談社ブルーバックス）、『ユーラシア動物紀行』（岩波新書）、『哺乳類の生物地理学』（東京大学出版会）、『ヒグマ学への招待』（北海道大学出版会）など多数。

◎翻訳　**梅田智世**（うめだ・ちせい）

翻訳家。訳書にヴァン・トゥレケン『不自然な食卓』、レイヴン『キツネとわたし』、ウィン『イヌはなぜ愛してくれるのか』（以上、早川書房）、コルバート『世界から青空がなくなる日』（白揚社）、サラディーノ『世界の絶滅危惧食』（河出書房新社）、パルソン『図説 人新世』（東京書籍）、オコナー『WAYFINDING 道を見つける力』（インターシフト）など多数。

ブックデザイン：小川 純（オガワデザイン）

うんこの世界——細菌とわたしたちの深い関係

2024年10月30日　初版

著　者	アダム・ハート
監修者	増田隆一
訳　者	梅田智世
発行者	株式会社晶文社
	東京都千代田区神田神保町1-11　〒101-0051
電　話	03-3518-4940(代表)・4942(編集)
U R L	https://www.shobunsha.co.jp
印刷・製本	ベクトル印刷株式会社

ISBN 978-4-7949-7442-6　Printed in Japan